Günther Wagner

Aufsteigen ... Mathematik Schularbeiten 3

So schaffst du die **3. Klasse**

HS/AHS

und Neue Mittelschule

LÖSUNGEN

G&G

Symbolerklärung

Bruchrechnen die in lila gehaltene Schrift bezeichnet das jeweilige Stoffgebiet des Beispiels.

B
1 Beispiel

Alle Zeichnungen in diesem Buch sind Skizzen beziehungsweise verkleinert dargestellt.

Die Schularbeiten in diesem Buch sind von A bis G bezeichnet, dies stellt aber keinen Schwierigkeitsgrad dar, sondern dient nur der Orientierung.

Die Aufnahme in den Anhang zur Schulbuchliste für die 3. Klasse an Hauptschulen und an allgemein bildenden höheren Schulen im Unterrichtsgegenstand Mathematik wurde vom Bundesministerium für Unterricht, Kunst und Kultur mit GZ 5.001/0117-Präs.8/2010 vom 24. März 2011 empfohlen.

www.ggverlag.at

ISBN 978-3-7074-1253-6

In der aktuell gültigen Rechtschreibung

1. Auflage 2010, Nachdruck 2013 (1,01)

Satz: Elisabeth Schmid

Gesamtherstellung: Imprint, Ljubljana

Liebe Schülerin! Lieber Schüler!

Mit den Probeschularbeiten im beigelegten Aufgabenheft sollte es dir gut gelingen, dein Wissen für die kommende Mathematik-Schularbeit zu überprüfen. Um dich auf die konkrete Schularbeitssituation vorzubereiten, kannst du die Schularbeit zu Hause durchspielen. Du hast für jede der Probeschularbeiten 50 Minuten Zeit zur Verfügung. Mache dabei keine Pausen und stelle auch keine Fragen, bei der wirklichen Schularbeit ist das ja auch nicht möglich.
Vom Autor wurde angenommen, dass in deiner Klasse vier Mathematik-Schularbeiten angesetzt sind. Die Schularbeitsvorschläge sind daher so zusammengefasst, dass es sieben erste, sieben zweite, sieben dritte und sieben vierte Schularbeiten gibt.
Es kann natürlich sein, dass deine Lehrerin/dein Lehrer den Lehrstoff in einer etwas anderen Reihenfolge durchnimmt. Bitte dann einfach deine Eltern, für dich eine Probeschularbeit zusammenzustellen. Das kann einfach gelingen, denn bei jeder Aufgabe ist vermerkt, zu welchem Stoffkapitel die Aufgabe gehört. Vergleiche mit dem Schularbeitstoff, der von deiner Lehrerin/deinem Lehrer bekannt gegeben wurde. Es können Aufgaben einfach ausgetauscht werden, so dass eine dem angegebenen Schularbeitsstoff entsprechende Schularbeit vorliegt. Wichtig ist nur, dass die Schularbeit aus vier Beispielen besteht.
Lege dir ein Probeschularbeitsheft an, nur zum Üben für die Schularbeit. Nimm dann den Text her und lies die Angaben ganz genau durch. Fange mit jener Aufgabe an, die dir am leichtesten fällt. Stelle auch einen Wecker oder eine Uhr in der Nähe deines Arbeitsplatzes auf, damit du dir gut die Zeit einteilen kannst. Versuche bereits nach 40 Minuten fertig zu sein, damit du deine Rechnungen noch kontrollieren kannst. Viele Schülerinnen und Schüler vergessen oft auf Kleinigkeiten, die in der Aufgabenstellung gefordert sind, zum Beispiel auf Antworten bei Textaufgaben, und „verschenken“ damit wichtige Punkte.
Vergleiche nach 50 Minuten deine Ausarbeitungen mit diesem Lösungsheft, besser noch lasse deine Ausarbeitung von jemand anderem, zum Beispiel von deinen Eltern, verbessern. Hast du Fehler gemacht, dann schreibe in dein Probeschularbeitsheft auch eine Verbesserung. Bedenke, aus jedem Fehler kannst du lernen. Sie zeigen dir, woran du noch arbeiten musst. Beschäftige dich also mit deinen Fehlern, denke nach, was falsch ist und wie es richtig wäre. Schreibe dabei aber nicht einfach aus diesem Lösungsheft ab, sondern rechne zur Übung nochmals und vergleiche dann.

Viel Erfolg wünscht dir

Günther Wagner

1. Schularbeit A

B 1

Rechnen mit ganzen Zahlen

a) $(-3) \cdot [(-4) \cdot (-2) + (-2)] - (-4) \cdot [(-3) \cdot (+2) - (-4)] =$
$= (-3) \cdot [(+8) + (-2)] - (-4) \cdot [(-6) - (-4)] =$
$= (-3) \cdot [(8 - 2] - (-4) \cdot [-6 + 4] =$
$= (-3) \cdot 6 - (-4) \cdot (-2) =$
$= -18 - (+8) =$
$= -18 - 8 = -26$

b) $[(-140) : (-35) + (+24) \cdot (-8)] \cdot [(-5) \cdot (-17) - (+35)] =$
$= [+4 + (-192)] \cdot [(+85) - (+35)] =$
$= -188 \cdot (+50) =$
$= -9\,400$

c) Man subtrahiert die betragsmäßig kleinere Zahl von der betragsmäßig größeren Zahl und setzt das Vorzeichen der betragsmäßig größeren Zahl.

B 2

Rechnen mit ganzen Zahlen

a) $a + (b + c) = (a + b) + c$
Beispiel: $a = -2$, $b = -3$, $c = -4$
$(-2) + [(-3) + (-4)] = -2 + [-3 - 4] = -2 + (-7) = -2 - 7 = -9$
$[(-2) + (-3)] + (-4) = [-2 - 3] - 4 = -5 - 4 = -9$ w. A.

b) $-36 - x = -15 \quad | +36$
$x = -21$ Die gesuchte Zahl heißt –21.

c) $-24 + x = -49 \quad | +24$
$x = -25$ Die gesuchte Zahl heißt –25.

d) (1) $|(-3) - (+5)| + |(+5)| - 2 \cdot (-3) =$
$= |-8| + 5 + 6 =$
$= 8 + 5 + 6 = 19$
(2) $|-3| - |2 \cdot (+5)| =$
$= 3 - |+10| =$
$= 3 - 10 = -7$

e) Man kann ganze Zahlen als Punkte oder als Pfeile auf der Zahlengeraden darstellen.

B 3

Rechnen mit ganzen Zahlen

–456 – 233 – 73 – 315 =
= –(456 + 233 + 73 + 315) = – 1077

164 + 195 + 239 = 598

a) –1077 + 598 = –479 Der neue Kontostand beträgt –479 €.

b) –479 + 1972 = 1493 Familie Österreicher blieben 1493 € über.

c) 1493 – 134 = 1359 Der neue Kontostand beträgt 1359 €.

B 4

Koordinatensystem

a) $A_1(-3/-2)$ im 3. Quadranten

b) $B_1(4/-5)$ im 4. Quadranten

c) $x < 0, y > 0$

d) U = (3/–4)

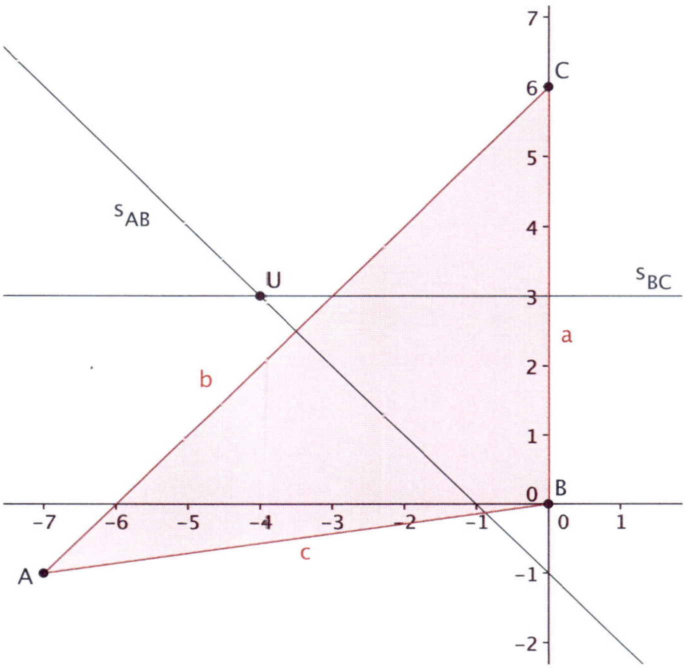

1. Schularbeit B

B 1

Rechnen mit ganzen Zahlen

a) $(-6) \cdot (+3) - (-9) \cdot [(-2) + (-8) \cdot (-5) + (-12)] - (+5) \cdot (-2) \cdot |-7| =$
$= (-6) \cdot (+3) - (-9) \cdot [(-2) + (+40) + (-12)] - (+5) \cdot (-2) \cdot |-7| =$
$= (-6) \cdot (+3) - (-9) \cdot (+26) - (+5) \cdot (-2) \cdot |-7| =$
$= (-18) - (-234) - (-10) \cdot 7 =$
$= -18 + 234 + 70 =$
$= 216 + 70 = 286$

b) $(-12) - |(-7) - (-25)| : (-6) =$
$= (-12) - |(-7) + 25| : (-6) =$
$= (-12) - |+18| : (-6) =$
$= (-12) - 18 : (-6) =$
$= (-12) + 3 = -9$

c) $|(-5) + (-13)| - |(+3) - (-19)| : |(-4) - (+7)| =$
$= |-18| - |3 + 19| : |-4 - 7| =$
$= |-18| - |22| : |-11| =$
$= 18 - 22 : 11 =$
$= 18 - 2 = 16$

B 2

Rechnen mit ganzen Zahlen

a) $753 + 476 = 1229$ Die Herrschaft dauerte 1229 Jahre.

b) $-44 - 56 = -100$ Gaius Julius Caesar wurde 100 vor Christus geboren.

c) $100 - 55 = 45$ Gaius Julius Caesar war damals 45 Jahre alt.

B 3

Dreieck

a) $A = \frac{1}{2} \cdot b \cdot h_b$ $\quad$ $490 \cdot 2 = 980$ $\quad$ $980 : 28 = 35$

$b = 2 \cdot A : h_b$ $\quad$ 140

$b = 2 \cdot 490 : 28$ $\quad$ 0 R

$b = 35$ mm

b) $A_1 = \frac{1}{2} \cdot c \cdot h_c$ $\quad$ $76 \cdot 53$ $\quad$ $4028 : 2 = 2014$

$A_1 = \frac{1}{2} \cdot 76 \cdot 53$ $\quad$ 380

$A_1 = 2014\ m^2$ $\quad$ 228

4028

$A_2 = \frac{1}{2} \cdot 76 \cdot 52$

$A_2 = 1976\ m^2$ $\quad$ $76 \cdot 52$ $\quad$ $3952 : 2 = 1976$

380

152

3952

$p = \frac{A}{G} \cdot 100$ $\quad$ $201400 : 1976 = 101{,}9 \approx 102$

$p = \frac{2014}{1976} \cdot 100$ $\quad$ 3800

$p = 102\,\%$ $\quad$ 18240

456 R

Der Flächeninhalt weicht um 2% ab.

B 4

Koordinatensystem

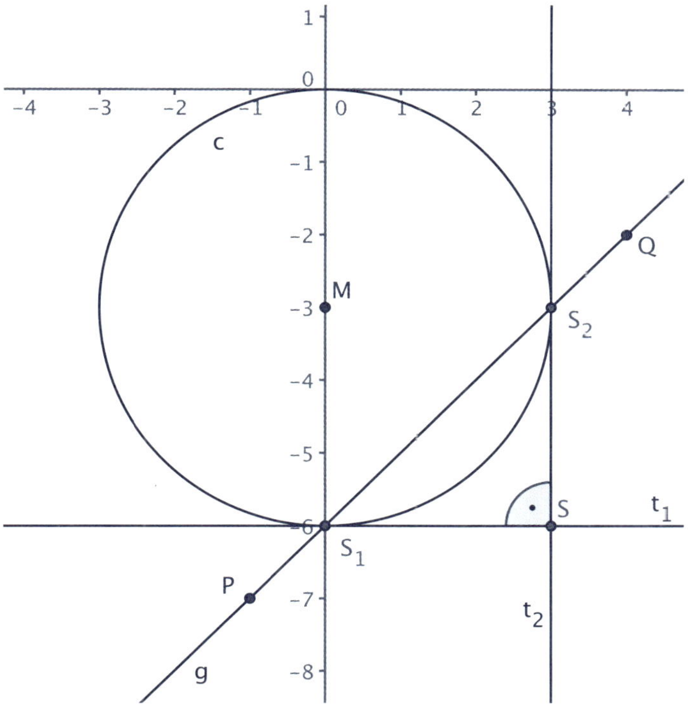

$S_1(0/–6)$

$S_2(3/–3)$

$S(3/–6)$

$\sphericalangle(t_1t_2) = 90°$

1. Schularbeit C

B 1

Positive und negative Zahlen

a) $-3{,}76 < -2{,}9 < -1{,}08 < -0{,}91 < -0{,}9 < 0{,}09 < 6{,}05 < 7{,}98$

b) (1) $|-15| > |-12|$ weil $15 > 12$

(2) $|-2| = 2$, $2 > -2$

(3) $+25 = |-25|$, $25 = 25$

(4) $+7 < |-9|$ weil $7 < 9$

(5) $|-5| > 0$, $5 > 0$

(6) $|39| = +39$, $39 = 39$

B 2

Rechnen mit ganzen Zahlen

a) $(-3) \cdot (+5) - [(-9) \cdot (+2) - (+125) : (-25)] =$
$= (-3) \cdot (+5) - [(-18) - (-5)] =$
$= (-3) \cdot (+5) - [-18 + 5] =$
$= (-3) \cdot (+5) - (-13) =$
$= -15 + 13 = -2$

b) $37 - (-5) \cdot [2 \cdot (-3) - (-4) \cdot 3] - (-144) : (+36) =$
$= 37 - (-5) \cdot [(-6) - (-12)] - (-144) : (+36) =$
$= 37 - (-5) \cdot [-6 + 12] - (-144) : (+36) =$
$= 37 - (-5) \cdot 6 - (-144) : (+36) =$
$= 37 - (-30) - (-4) =$
$= 37 + 30 + 4 = 71$

c) $24 - x = 40 \quad | + x$
$24 = 40 + x \quad | - 40$
$x = -16$ Man muss -16 subtrahieren.

B 3

Koordinatensystem, Flächeninhalt eines Parallelogramms

a)

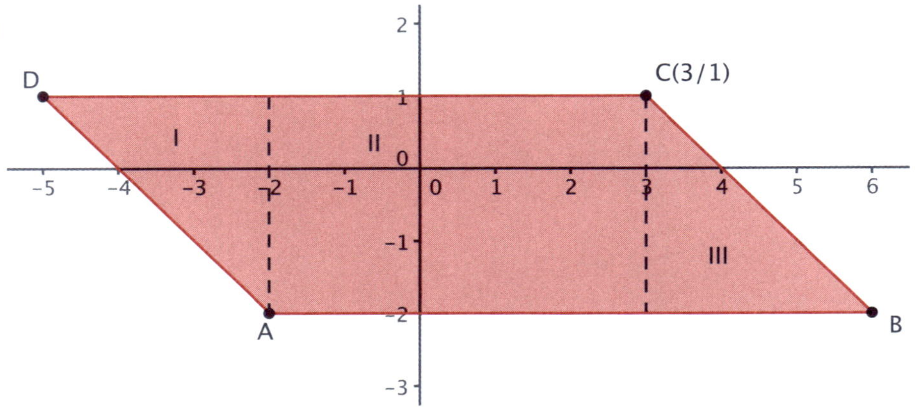

$A_I = \frac{1}{2} \cdot 3 \cdot 3 = 4{,}5$

$A_{II} = 5 \cdot 3 = 15$

$A_{III} = A_I = 4{,}5$

$A = A_I + A_{II} + A_{III}$

$A = 2 \cdot 4{,}5 + 15 = 9 + 15 = 24$

$A = 24\ cm^2$

b)

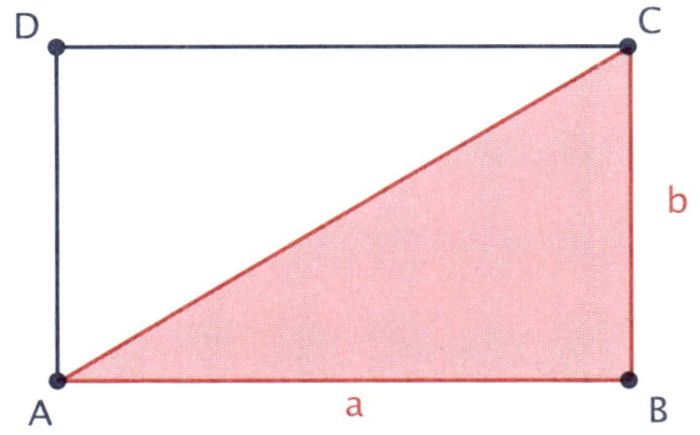

Man geht von einem Rechteck aus. Der Flächeninhalt des rechtwinkligen Dreiecks ist halb so groß wie der des Rechtecks, also $A = \frac{1}{2} \cdot a \cdot b$
Man erhält den Flächeninhalt eines rechtwinkligen Dreiecks, indem man das Produkt der Katheten halbiert.

B 4

Koordinatensystem

a)

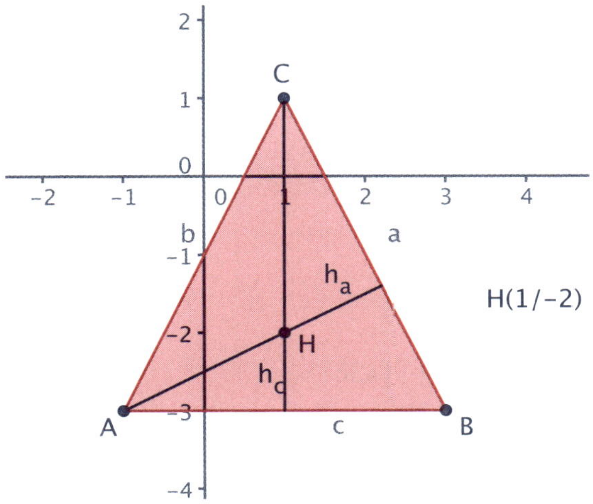

H(1/−2)

b)

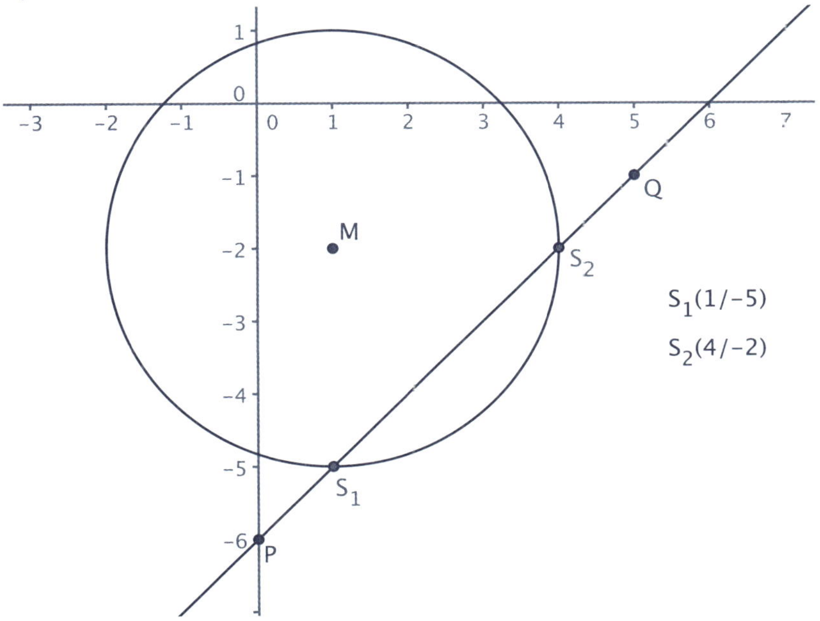

$S_1(1/-5)$

$S_2(4/-2)$

1. Schularbeit D

B 1

Rechnen mit ganzen Zahlen

a) $(-4) \cdot [(-2) \cdot (-3) + (-2)] - (-3) \cdot [(-4) \cdot (+2) - (-5)] =$
$= (-4) \cdot [(+6) + (-2)] - (-3) \cdot [(-8) - (-5)] =$
$= (-4) \cdot (+4) - (-3) \cdot (-3) =$
$= -16 - 9 = -25$

b) $[(-210) : (-35) + (+24) : (-8)] \cdot [(-6) \cdot (-14) - (+35)] =$
$= [(+6) + (-3)] \cdot [(+84) - (+35)] =$
$= (+3) \cdot (+49) = 147$

c) Man addiert die Beträge der beiden Zahlen und setzt das gemeinsame Vorzeichen davor.

B 2

Rechnen mit ganzen Zahlen

a) $a \cdot (b \cdot c) = (a \cdot b) \cdot c$ $\quad$ $a = -2,\ b = -3,\ c = -4$

$(-2) \cdot [(-3) \cdot (-4)] =$
$= (-2) \cdot (+12) = -24$

$[(-2) \cdot (-3)] \cdot (-4) =$
$= (+6) \cdot (-4) = -24$

b) $-15 - x = -24 \quad | + x$
$-15 = -24 + x \quad | + 24$
$x = 9$

Die Zahl ist 9.

c) $-36 + x = -49 \quad | + 36$
$x = -13$

Die Zahl ist –13.

d) (1) $|(-4) + (+3)| - 2 \cdot |(-4)| - (+3) =$
$= |(-1)| - 2 \cdot 4 - 3 =$
$= 1 - 8 - 3 = -10$

(2) $|-4| + |2 \cdot (+3)| =$
$= 4 + 6 = 10$

e) Unter dem Betrag einer Zahl versteht man den Abstand der Zahl von 0. Der Betrag ist stets ≥ 0.

B 3

Rechnen mit ganzen Zahlen

a) $692 - (-2356) =$
$= 692 + 2356 = 3048$

Es wurden 3048 € einbezahlt.

b) $623 - (-179) =$
$= 623 + 179 = 802$

Es wurden 802 € abgehoben.

c) $1354 - 621 = 733$

Ursprünglich waren 733 € auf dem Konto.

d) $1261 - 1978 = -717$

Ursprünglich war das Konto um –717 € überzogen, d. h. ein Kontostand von –717 €.

B 4

Koordinatensystem

a) $A_1(3/2)$ Der Punkt liegt im 1. Quadranten.

b) $B_1(2/-1)$ Der Punkt liegt im 4. Quadranten.

c) $x > 0, y < 0$

d)

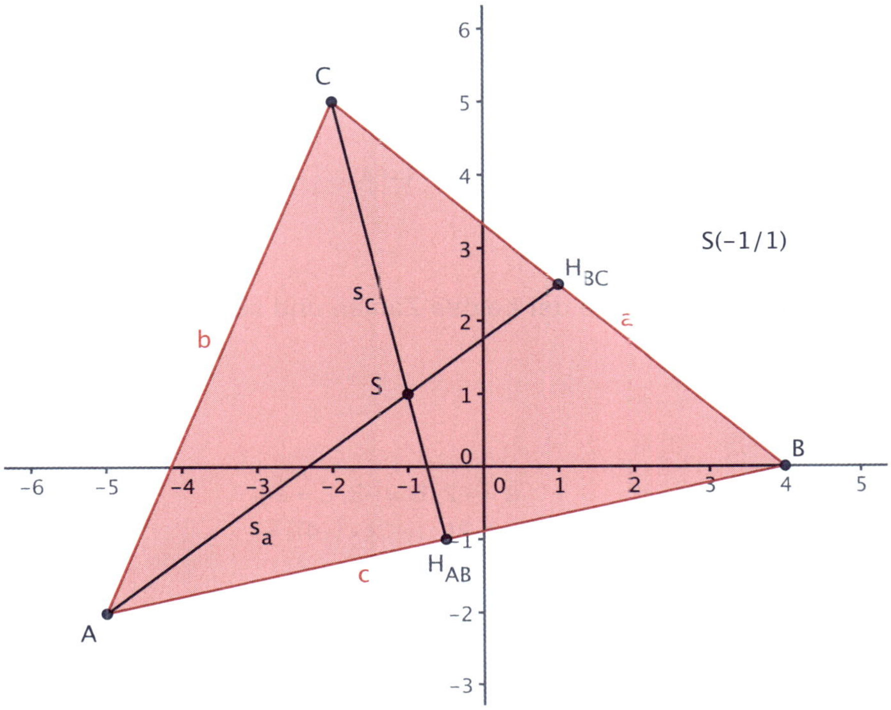

1. Schularbeit E

B 1

Rechnen mit ganzen Zahlen

a) $-323 - 33 = -356$ Alexander der Große wurde 356 vor Christus geboren.

b) $356 - 334 = 22$ Alexander war 22 Jahre alt.

c) $359 - 336 = 23$
$336 - 323 = 13$ Philipp regierte um 10 Jahre länger als Alexander.

B 2

Rechnen mit rationalen Zahlen

a) $-3\frac{1}{2}, -2\frac{1}{5} = -2\frac{4}{20}, -2\frac{3}{4} = -2\frac{15}{20}, -2\frac{1}{2} = -2\frac{10}{20}, -2\frac{3}{10} = -2\frac{6}{20}$

$-3\frac{10}{20} < -2\frac{15}{20} < -2\frac{10}{20} < -2\frac{6}{20} < -2\frac{4}{20}$

$-3\frac{1}{2} < -2\frac{3}{4} < -2\frac{1}{2} < -2\frac{3}{10} < -2\frac{1}{5}$ Schranken: –4 bzw. –2

b) $-12\frac{2}{3} - x = -3\frac{3}{5} \quad | + x$

$-12\frac{2}{3} = -3\frac{3}{5} + x \quad | + 3\frac{3}{5}$

$-12\frac{2}{3} + 3\frac{3}{5} = x$

$x = -12\frac{10}{15} + 3\frac{9}{15}$

$x = -9\frac{1}{15}$ Die Zahl heißt $-9\frac{1}{15}$.

c) $0{,}4\dot{5} = 0{,}45555\ldots$ $x = 0{,}45555\ldots$

$100x = 45{,}555\ldots$
$-\ 10x = 4{,}555\ldots$
$90x = 41$
$x = \frac{41}{90}$

$3{,}4\dot{5} = 3\frac{41}{90}$

$0{,}735 = \frac{735}{1000} = \frac{147}{200}$

$0{,}\dot{3}\dot{6} = \frac{36}{99} = \frac{4}{11}$

d) $\frac{51}{99} = 0{,}\dot{5}\dot{1}$ $3\frac{17}{100} = 3{,}17$ $8\frac{5}{12} = 8{,}41\dot{6}$

$5 : 12 = 0{,}41\dot{6}$
50
20
80
8 R

B 3

Koordinatensystem, Flächeninhalt rechtwinkliger Dreiecke

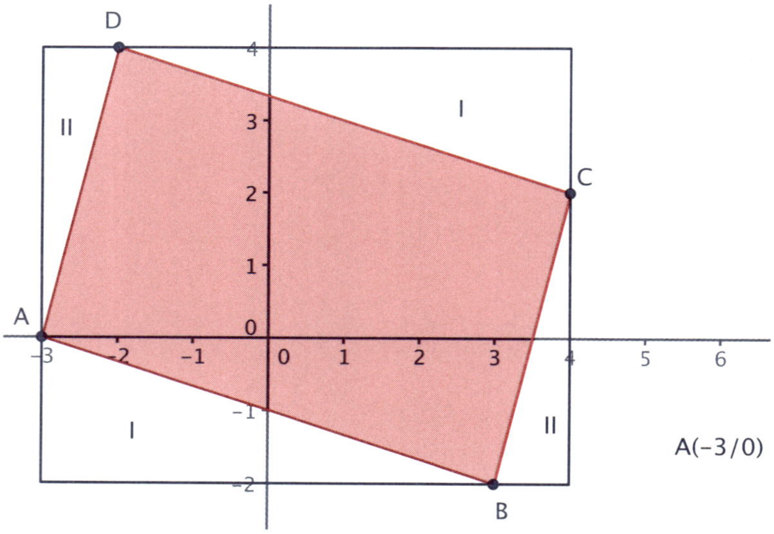

A(–3/0)

Das umschriebene Viereck ist ein Rechteck.

$A = a \cdot b$
$A = 7 \cdot 6 = 42\ cm^2$

B 3

Berechnung der Dreiecksflächen (rechtwinklige Dreiecke):

$A = \frac{1}{2} \cdot a \cdot b$

$A_I = \frac{1}{2} \cdot 6 \cdot 2 = 6$

$A_{II} = \frac{1}{2} \cdot 4 \cdot 1 = 2$

$A_{Par} = 42 - 2 \cdot 6 - 2 \cdot 2 =$
$= 42 - 12 - 4 = 26$

Das Parallelogramm ist 26 cm² groß, das Rechteck ist um 16 cm² größer als das Parallelogramm.

B 4

Koordinatensystem

a)

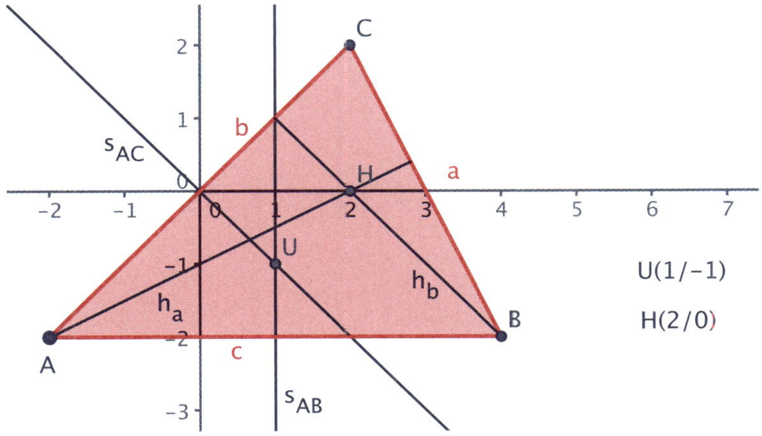

U(1/−1)

H(2/0)

b) (1) x < 0, y < 0
(2) x > 0, y < 0

1. Schularbeit F

B 1

Rechnen mit ganzen Zahlen

a) L = {−4, −3, −2, −1, 0, 1, 2, 3, 4}

b) |−5| = 5, −7, |+2| = 2, 0, |−8| = 8, |−1| = 1, 3
8 > 5 > 3 > 2 > 1 > 0 > −7
|−8| > |−5| > 3 > |+2| > |−1| > 0 > −7

c) $2 \cdot |-4| - [(-12) : (-3) + (-9) : (-3)] \cdot |-2| =$
$= 2 \cdot 4 - [+4 + (+3)] \cdot 2 =$
$= 8 - 7 \cdot 2 =$
$= 8 - 14 = -6$

B 2

Rechnen mit rationalen Zahlen

$$-5\tfrac{7}{8} + \left(-3\tfrac{1}{3} + \tfrac{8}{15}\right) \cdot \tfrac{5}{28} - \left(2\tfrac{3}{5} + 1\tfrac{5}{6}\right) : \tfrac{4}{15} =$$

$$= -5\tfrac{7}{8} + \left(-\tfrac{10}{3} + \tfrac{8}{15}\right) \cdot \tfrac{5}{28} - \left(\tfrac{13}{5} + \tfrac{11}{6}\right) : \tfrac{4}{15} =$$

$$= -5\tfrac{7}{8} + \left(-\tfrac{50}{15} + \tfrac{8}{15}\right) \cdot \tfrac{5}{28} - \left(\tfrac{78}{30} + \tfrac{55}{30}\right) : \tfrac{4}{15} =$$

$$= -5\tfrac{7}{8} + \left(-\tfrac{42}{15}\right) \cdot \tfrac{5}{28} - \tfrac{133}{30} \cdot \tfrac{15}{4} =$$

$$= -\tfrac{47}{8} - \tfrac{3}{3} \cdot \tfrac{1}{2} - \tfrac{133}{2} \cdot \tfrac{1}{4} =$$

$$= -\tfrac{47}{8} - \tfrac{1}{2} - \tfrac{133}{8} =$$

$$= -\tfrac{47}{8} - \tfrac{4}{8} - \tfrac{133}{8} = -\tfrac{184}{8} = -23$$

B 3

Koordinatensystem

a)

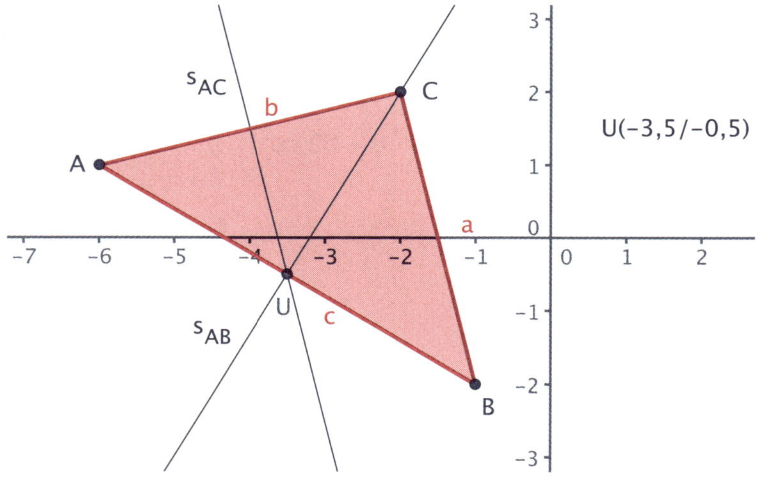

b)

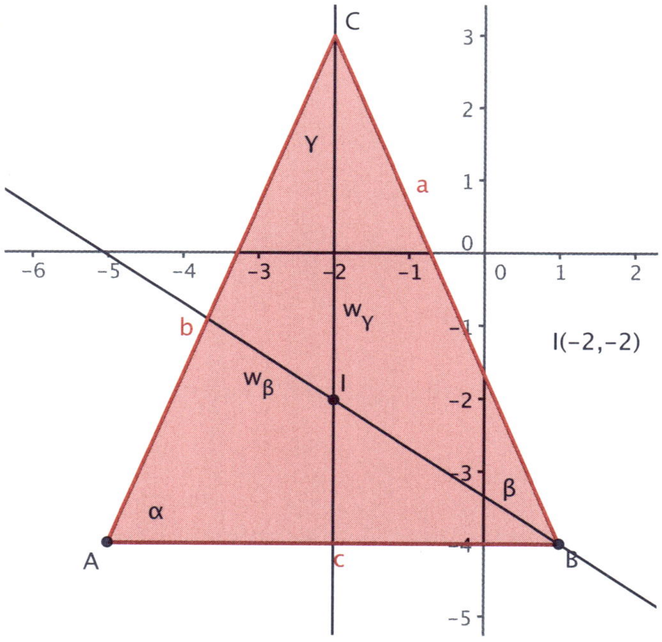

B 4

Koordinatensystem

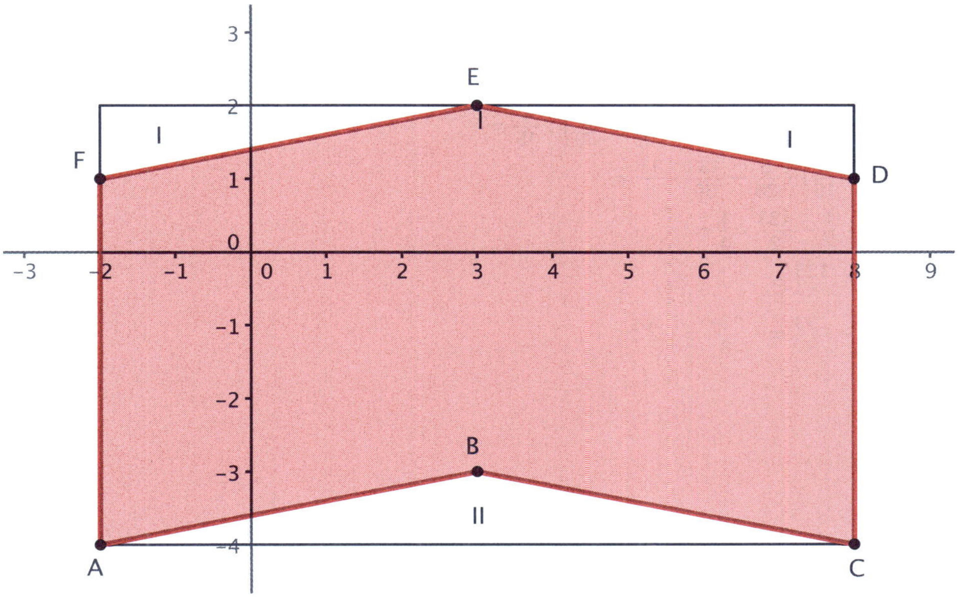

umschriebenes Rechteck: $A = 10 \cdot 6 = 60\ cm^2$

Fläche $A_I = \frac{1}{2} \cdot 5 \cdot 1 = 2{,}5$

Fläche $A_{II} = \frac{1}{2} \cdot 10 \cdot 1 = 5$

$A_{Vieleck} = 60 - 2 \cdot 2{,}5 - 5 = 50\ cm^2$

Anmerkung:

Da das △ ACB = △ FDE ist, kann man das △ FDE nach unten verschieben (auf den „leeren" Platz des △ ACB). Der Flächeninhalt ist dann gleich dem Flächeninhalt des Rechtecks ACDF, also $10 \cdot 5 = 50\ cm^2$

1. Schularbeit G

B 1

Ganze Zahlen

a) Falsche Aussage, es gibt keine kleinste ganze Zahl. Jede ganze Zahl hat einen Vorgänger.

b) Wahre Aussage.

c) Falsche Aussage, die negativen ganzen Zahlen entsprechen nicht den natürlichen Zahlen.

d) $|-3| < |+3|$

$3 < 3$ f. A.

B 2

Rechnen mit ganzen Zahlen

a) $(+135) : (-9) - (-324) : (-36) + (-5) \cdot [(+300) : (-25) - (-12) \cdot (+3) - (-164) : (-4)] =$
$= (-15) - (+9) + (-5) \cdot [(-12) - (-36) - (+41)] =$
$= (-15) - (+9) + (-5) \cdot [-12 + 36 - 41] =$
$= (-15) - (+9) + (-5) \cdot (-17) =$
$= (-15) - (+9) + (+85) =$
$= -15 - 9 + 85 =$
$= -24 + 85 = 61$

b) (1) $|-144| : (-12) + (-169) : |+13| =$
$= 144 : (-12) + (-169) : 13 =$
$= -12 + (-13) = -25$

(2) $(-144) : |-12| + |-169| : (+13) =$
$= (-144) : 12 + 169 : 13 =$
$= -12 + 13 = 1$

B 3

Koordinatensystem

a)

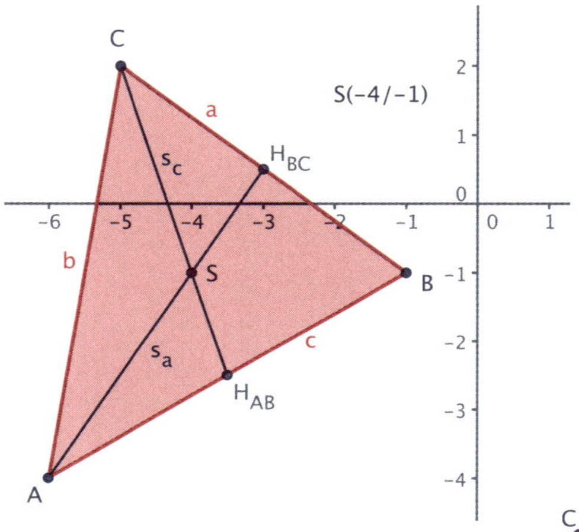

b)

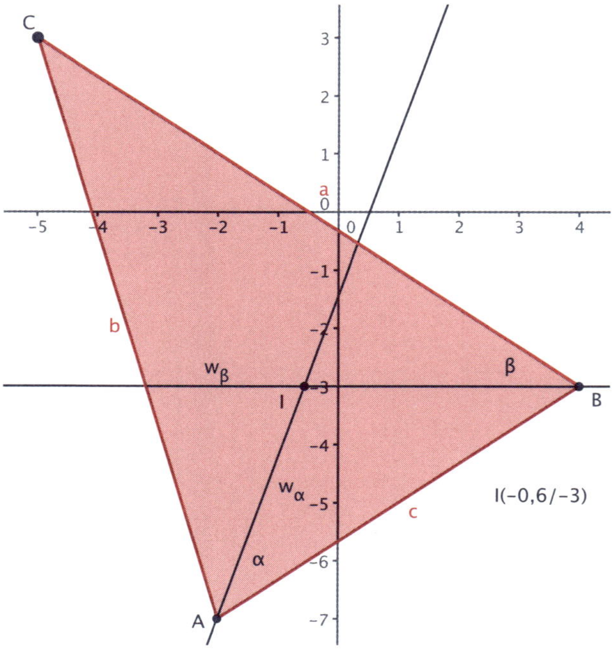

B 4

Koordinatensystem

a)

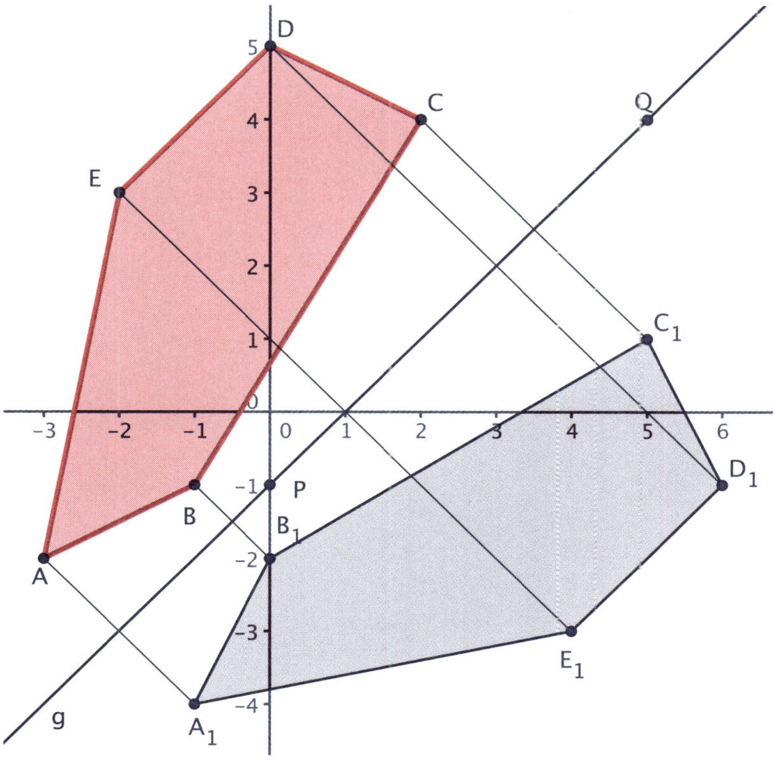

$A_1(-1/-4)$
$B_1(0/-2)$
$C_1(5/1)$
$D_1(6/-1)$
$E_1(4/-3)$

b)

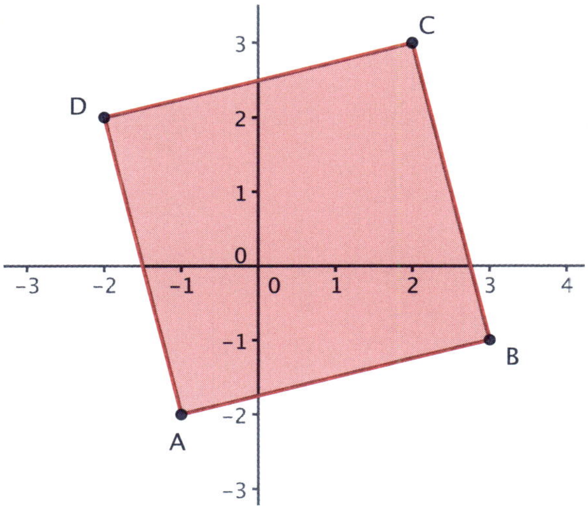

C(2/3) 1. Quadrant
D(–2/2) 2. Quadrant

2. Schularbeit A

B 1 Flächenberechnung

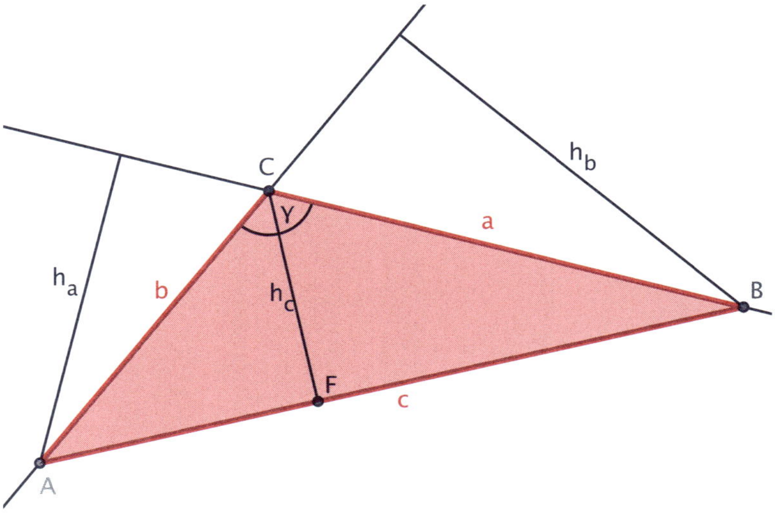

$c = 96$ mm
$h_c = 30$ mm
$h_b = 59$ mm
$h_a = 44$ mm

NR:

$96 \cdot 15$
480
1440

$65 \cdot 22$
130
130
1430

$59 \cdot 24$
118
236
1416

$4286 : 3 = 1428{,}6 \approx 1429$
12
08
26
20

$A_1 = \frac{1}{2} \cdot c \cdot h_c$	$A_2 = \frac{1}{2} \cdot a \cdot h_a$	$A_3 = \frac{1}{2} \cdot b \cdot h_b$
$A_1 = \frac{1}{2} \cdot 96 \cdot 30$	$A_2 = \frac{1}{2} \cdot 65 \cdot 44$	$A_3 = \frac{1}{2} \cdot 48 \cdot 59$
$A_1 = 96 \cdot 15$	$A_2 = 65 \cdot 22$	$A_3 = 24 \cdot 59$
$A_1 = 1440 \text{ mm}^2$	$A_2 = 1430 \text{ mm}^2$	$A_3 = 1416 \text{ mm}^2$

$A = \frac{A_1 + A_2 + A_3}{3}$

$A = \frac{1440 + 1430 + 1416}{3} = \frac{4286}{3} = 1429$

$A = 1429 \text{ mm}^2$

B 2 Rechnen mit rationalen Zahlen

a) $\left[\left(-4\tfrac{2}{3}\right) - \left(-3\tfrac{1}{2}\right)\right] \cdot \left(-1\tfrac{1}{2}\right) - \left(+1\tfrac{5}{7}\right) : \left(-\tfrac{4}{7}\right) =$

$= \left[\left(-\tfrac{14}{3}\right) - \left(-\tfrac{7}{2}\right)\right] \cdot \left(-\tfrac{3}{2}\right) - \left(+\tfrac{12}{7}\right) : \left(-\tfrac{4}{7}\right) =$

$= \left[-\tfrac{28}{6} + \tfrac{21}{6}\right] \cdot \left(-\tfrac{3}{2}\right) - \left(+\tfrac{12}{7}\right) \cdot \left(-\tfrac{7}{4}\right) =$

$= \left(-\tfrac{7}{6}\right) \cdot \left(-\tfrac{3}{2}\right) - \left(+\tfrac{12}{7}\right) \cdot \left(-\tfrac{7}{4}\right) =$

$= +\tfrac{7}{4} - (-3) =$

$= +\tfrac{7}{4} + 3 =$

$= 1\tfrac{3}{4} + 3 = 4\tfrac{3}{4}$

b) $\left(-4\tfrac{1}{4} - 3{,}25\right) : \left[-\tfrac{2}{3} \cdot \left(-\tfrac{1}{2}\right)\right] =$

$= \left(-4\tfrac{1}{4} - 3\tfrac{1}{4}\right) : \left[+\tfrac{1}{3}\right] =$

$= \left(-7\tfrac{2}{4}\right) \cdot \left(\tfrac{3}{1}\right) =$

$= \left(-7\tfrac{1}{2}\right) \cdot \left(\tfrac{3}{1}\right) =$

$= -\tfrac{15}{2} \cdot \tfrac{3}{1} = -\tfrac{45}{2} = -22\tfrac{1}{2}$

B 3

Rechnen mit Termen

$(6x^3 - 4xy^2) - [3xy^2 + 7y^2 - (5xy^2 + 7y^2) - 2x^3] =$
$= 6x^3 - 4xy^2 - [3xy^2 + 7y^2 - 5xy^2 - 7y^2 - 2x^3] =$
$= 6x^3 - 4xy^2 - [-2xy^2 - 2x^3] =$
$= 6x^3 - 4xy^2 + 2xy^2 + 2x^3 =$
$= 8x^3 - 2xy^2$

Probe:

T_A: $(6 \cdot 2^3 - 4 \cdot 2 \cdot 3^2) - [3 \cdot 2 \cdot 3^2 + 7 \cdot 3^2 - (5 \cdot 2 \cdot 3^2 + 7 \cdot 3^2) - 2 \cdot 2^3] =$
$= (6 \cdot 8 - 4 \cdot 2 \cdot 9) - [3 \cdot 2 \cdot 9 + 7 \cdot 9 - (5 \cdot 2 \cdot 9 + 7 \cdot 9) - 2 \cdot 8] =$
$= (48 - 72) - [54 + 63 - (90 + 63) - 16] =$
$= (-24) - [117 - 153 - 16] =$
$= (-24) - [117 - 169] =$
$= -24 - (-52) =$
$= -24 + 52 = 28$

T_E: $8 \cdot 2^3 - 2 \cdot 2 \cdot 3^2 =$
$= 8 \cdot 8 - 2 \cdot 2 \cdot 9 =$
$= 64 - 36 = 28$ $T_A = T_E$ w. A.

B 4

Aufstellen von Formeln

a) $B = 3 \cdot M$ Beispiel: 15 Buben, 5 Mädchen
b) $B + 5 = M$ Beispiel: 8 Buben, 13 Mädchen
c) $B - 1 = M$ Beispiel: 11 Buben, 10 Mädchen
d) $B = 2 \cdot M - 3$ Beispiel: 15 Buben, 9 Mädchen

2. Schularbeit B

B 1

Aufstellen von Formeln

a) G … Gesamtkosten
x … Anzahl der Schüler
$G = 3{,}50 \cdot x + 450$

b) $K = 450 : x + 3{,}50$

c) $G = 3{,}50 \cdot 25 + 450$
$G = 87{,}50 + 450$
$G = 537{,}50$

Nebenrechnung: $3{,}50 \cdot 25$: 700, 1750, 87,50

Die Klasse muss 537,50 € bezahlen.

B 2

Rechnen mit Zehnerpotenzen

a) $s = v \cdot t$

$t = \frac{s}{v}$ $\quad t = 3{,}84 \cdot 10^5 : 12\,000$ $\quad 384\,000 : 12\,000 = 32$

$t = 32$ h $\quad 24\,000$

Die Rakete braucht 32 Stunden. $\quad 0$ R

b) $t = 4{,}8 \cdot 10^7 : 12\,000$ $\quad 48\,000\,000 : 12\,000 = 4000$ $\quad 4000 : 24 = 166$

$t = 4000$ h $\quad 160$

$t = 166\frac{16}{24}$ d $\quad 160$

16 R

Die Rakete braucht 166 Tage 16 Stunden.

B 3

Flächenberechnung

Vorplatz 6 m × 10 m

$A = a \cdot b$ $\quad A = 60\text{ m}^2 = 600\,000\text{ cm}^2$

Platte: $A = \frac{1}{2} \cdot e \cdot f$ $\quad 600\,000 : 500 = 1200$

$A = \frac{1}{2} \cdot 40 \cdot 25$ $\quad$ Man braucht mindestens 1200 Platten.

$A = 20 \cdot 25 = 500$

$A = 500\text{ cm}^2$

Verschnitt: 12 % $\quad G = 1200$ $\quad A = \frac{G}{100} \cdot p$ $\quad 112 \cdot 12$

$A = ?$ $\quad A = \frac{1200}{100} \cdot 112$ $\quad 224$

$p = 112\,\%$ $\quad A = 12 \cdot 112$ $\quad 1344$

Wenn man den Verschnitt berücksichtigt, muss man 1344 Platten kaufen.

Preis: $1344 \cdot 4{,}60$ $\quad 1344 \cdot 4{,}6$

5376

8064

6182,4

Die Platten kosten 6182,4 €.

B 4

Rechnen mit Termen

a) $p^2 - [2p - (3p^2 + 2q^2)] + 5p - 2q^2 =$

$= p^2 - [2p - 3p^2 - 2q^2] + 5p - 2q^2 =$

$= p^2 - 2p + 3p^2 + 2q^2 + 5p - 2q^2 =$

$= 4p^2 + 3p$

Probe:

T_A: $2^2 - [2 \cdot 2 - (3 \cdot 2^2 + 2 \cdot 3^2)] + 5 \cdot 2 - 2 \cdot 3^2 =$

$= 4 - [4 - (3 \cdot 4 + 2 \cdot 9)] + 10 - 2 \cdot 9 =$

$= 4 - [4 - (12 + 18)] + 10 - 18 =$

$= 4 - [4 - 30] + 10 - 18 =$

$= 4 - (-26) + 10 - 18 =$

$= 4 + 26 + 10 - 18 = 22$

T_E: $4 \cdot 2^2 + 3 \cdot 2 =$

$= 4 \cdot 4 + 6 =$

$= 16 + 6 = 22$

$T_A = T_E$ $\quad$ w. A.

B 4

b) $5x^3 - 2x^2 - 3x^3 + 6x^2 - 4x =$
$= 2x^3 + 4x^2 - 4x$

Probe:

T_A: $5 \cdot 2^3 - 2 \cdot 2^2 - 3 \cdot 2^3 + 6 \cdot 2^2 - 4 \cdot 2 =$
$= 5 \cdot 8 - 2 \cdot 4 - 3 \cdot 8 + 6 \cdot 4 - 4 \cdot 2 =$
$= 40 - 8 - 24 + 24 - 8 =$
$= 40 - 8 - 24 + 24 - 8 =$
$= 40 - 16 = 24$ $T_A = T_E$ w. A.

T_E: $2 \cdot 2^3 + 4 \cdot 2^2 - 4 \cdot 2 =$
$= 2 \cdot 8 + 4 \cdot 4 - 4 \cdot 2 =$
$= 16 + 16 - 8 = 24$

2. Schularbeit C

B 1

Rechnen mit rationalen Zahlen

$\left(-5\frac{1}{2} + 3\frac{1}{4}\right) \cdot \left(+2\frac{2}{3}\right) - \left(+1\frac{1}{5} - 2\frac{2}{3}\right) : \frac{11}{27} =$
$= \left(-\frac{11}{2} + \frac{13}{4}\right) \cdot \left(+\frac{8}{3}\right) - \left(+\frac{6}{5} - \frac{8}{3}\right) \cdot \frac{27}{11} =$
$= \left(-\frac{22}{4} + \frac{13}{4}\right) \cdot \left(+\frac{8}{3}\right) - \left(+\frac{18}{15} - \frac{40}{15}\right) \cdot \frac{27}{11} =$
$= -\frac{9}{4} \cdot \frac{8}{3} - \left(-\frac{22}{15}\right) \cdot \frac{27}{11} =$
$= -6 + \frac{2}{5} \cdot 9 =$
$= -6 + \frac{18}{5} =$
$= -\frac{30}{5} + \frac{18}{5} = -\frac{12}{5} = -2\frac{2}{5}$

B 2

Rechnen mit Termen

a) $2x - 3y + \{x - 4y - 2 - [2x + 5y - (-3x + y)]\} =$
$= 2x - 3y + \{x - 4y - 2 - [2x + 5y + 3x - y]\} =$
$= 2x - 3y + \{x - 4y - 2 - [5x + 4y]\} =$
$= 2x - 3y + \{x - 4y - 2 - 5x - 4y\} =$
$= 2x - 3y + \{-4x - 8y - 2\} =$
$= 2x - 3y - 4x - 8y - 2 =$
$= -2x - 11y - 2$

Probe:

T_A: $2 \cdot 3 - 3 \cdot 2 + \{3 - 4 \cdot 2 - 2 - [2 \cdot 3 + 5 \cdot 2 - (-3 \cdot 3 + 2)]\} =$
$= 6 - 6 + \{3 - 8 - 2 - [6 + 10 - (-9 + 2)]\} =$
$= 6 - 6 + \{3 - 8 - 2 - [6 + 10 - (-7)]\} =$
$= 6 - 6 + \{3 - 8 - 2 - [6 + 10 + 7]\} =$
$= 6 - 6 + \{3 - 8 - 2 - 23\} =$
$= 6 - 6 + (-30) = -30$

T_E: $-2 \cdot 3 - 11 \cdot 2 - 2 =$
$= -6 - 22 - 2 = -30$ $T_A = T_E$ w. A.

B 2

b) $2a^3 - 4a^2 + 5a^3 - 6a^2 + 4a =$
$= 7a^3 - 10a^2 + 4a$

Probe:

T_A: $2 \cdot 2^3 - 4 \cdot 2^2 + 5 \cdot 2^3 - 6 \cdot 2^2 + 4 \cdot 2 =$
$= 2 \cdot 8 - 4 \cdot 4 + 5 \cdot 8 - 6 \cdot 4 + 4 \cdot 2 =$
$= 16 - 16 + 40 - 24 + 8 = 24$

T_E: $7 \cdot 2^3 - 10 \cdot 2^2 + 4 \cdot 2 =$
$= 7 \cdot 8 - 10 \cdot 4 + 4 \cdot 2 =$
$= 56 - 40 + 8 = 24$

$T_A = T_E$ w. A.

B 3

Rechnen mit Zehnerpotenzen

a) $s = v \cdot t$

$t = \frac{s}{v}$

$t = \frac{9{,}6 \cdot 10^8}{300} = 3\,200\,000$ h

960 000 000 : 300 = 3 200 000
600
0000000 R

3200000 : 24 = 133 333,3
80
80
80
80
80
8 R

3 200 000 h = 133 333,3 Tage

133 333,3 : 365 = 365,2
2 383
1 933
1 083
353 R

3 200 000 h = 133 333,3 Tage ≈ 365 Jahre

Ein Rennauto, das 300 km/h fährt, würde ca. 365 Jahre brauchen.

b) (1) $t = \frac{s}{v}$

$t = \frac{1{,}5 \cdot 10^8}{3 \cdot 10^5} = 500$

150 000 000 : 300 000 = 500

500 : 60 = 8
20 R

t = 500 Sekunden = 8 Minuten 20 Sekunden

Das Licht braucht 8 Minuten 20 Sekunden, um von der Sonne zur Erde zu gelangen.

(2) 4 500 Mio. km = 4 500 000 000 km

$t = \frac{4\,500\,000\,000}{300\,000} = 15\,000$

4 500 000 000 : 300 000 = 15 000
1 500 000
0

15 000 : 60 = 250
300
0

250 : 60 = 4
10 R

Das Licht braucht 4 Stunden und 10 Minuten, um von der Sonne zum Neptun zu gelangen.

15 000 : 500 = 30

Das Licht braucht von der Sonne zum Neptun 30-mal länger als von der Sonne zur Erde.

B 4

Flächenberechnung

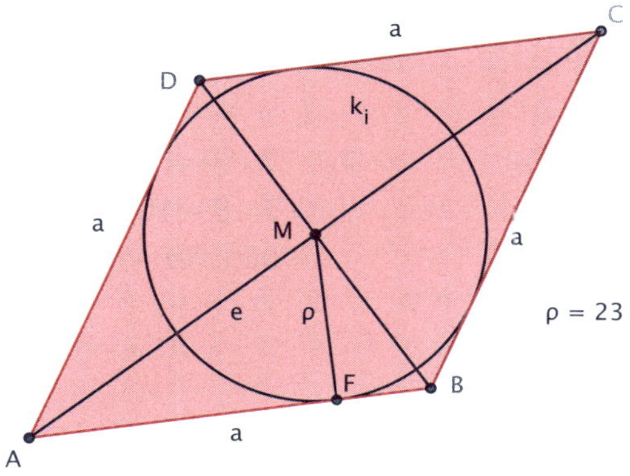

$\rho = 23$ mm

$A = \frac{1}{2} \cdot e \cdot f$

$A = \frac{1}{2} \cdot 9{,}4 \cdot 5{,}2$

$A = 24{,}44\ \text{cm}^2$

9,4 · 5,2
470
188
48,88

48,88 : 2 = 24,44

2. Schularbeit D

B 1

Rechnen mit Zehnerpotenzen

a) $3{,}57 \cdot 10^3$ dm = 3570 dm = 357000 mm = $3{,}57 \cdot 10^5$ mm

b) 120 t = 120000 kg = $1{,}2 \cdot 10^5$ kg

c) 1400000 km = $1{,}4 \cdot 10^6$ km
3500 km = $3{,}5 \cdot 10^3$ km

$\frac{1{,}4 \cdot 10^6}{3{,}5 \cdot 10^3} = \frac{14 \cdot 10^5}{3{,}5 \cdot 10^3} = 4 \cdot 10^2 = 400$ 14 : 3,5 = 4

Der Durchmesser der Sonne ist 400-mal so lang wie der Durchmesser des Erdenmonds.

d) 9500000000000 km = $9{,}5 \cdot 10^{12}$ km
500 Millionen Lichtjahre = $500 \cdot 10^6$ Lichtjahre = $5 \cdot 10^8$ Lichtjahre

$5 \cdot 10^8 \cdot 9{,}5 \cdot 10^{12} = 47{,}5 \cdot 10^{20} = 4{,}75 \cdot 10^{21}$

Die Entfernung zum fernsten je beobachteten Nebel beträgt $4{,}75 \cdot 10^{21}$ km.

B 2

Rechnen mit rationalen Zahlen

$$\left[\left(-3\tfrac{1}{4} + 2\tfrac{1}{3}\right) : \left(-1\tfrac{5}{6}\right) + 2\tfrac{1}{6}\right] \cdot \left(-\frac{6}{25} + \frac{3}{5}\right) =$$

$$= \left[\left(-\frac{13}{4} + \frac{7}{3}\right) : \left(-\frac{11}{6}\right) + \frac{13}{6}\right] \cdot \left(-\frac{6}{25} + \frac{3}{5}\right) =$$

$$= \left[\left(-\frac{39}{12} + \frac{28}{12}\right) : \left(-\frac{11}{6}\right) + \frac{13}{6}\right] \cdot \left(-\frac{6}{25} + \frac{15}{25}\right) =$$

$$= \left[-\frac{11}{12} \cdot \left(-\frac{6}{11}\right) + \frac{13}{6}\right] \cdot \left(-\frac{6}{25} + \frac{15}{25}\right) =$$

$$= \left[\frac{1}{2} + \frac{13}{6}\right] \cdot \left(+\frac{9}{25}\right) =$$

$$= \left[\frac{3}{6} + \frac{13}{6}\right] \cdot \left(+\frac{9}{25}\right) =$$

$$= \frac{16}{6} \cdot \frac{9}{25} =$$

$$= \frac{16}{2} \cdot \frac{3}{25} = \frac{48}{50} = \frac{24}{25}$$

B 3

Rechnen mit rationalen Zahlen

a) (1) $2 \cdot \left|-\frac{1}{2}\right| - \left(-\frac{1}{3}\right) =$

$= 2 \cdot \frac{1}{2} + \frac{1}{3} =$

$= 1 + \frac{1}{3} = 1\frac{1}{3}$

(2) $-\frac{1}{3} - \left(-\frac{1}{2}\right) - \left|-\frac{1}{3} - 2 \cdot \left(-\frac{1}{2}\right)\right| =$

$= -\frac{1}{3} + \frac{1}{2} - \left|-\frac{1}{3} + 1\right| =$

$= -\frac{1}{3} + \frac{1}{2} - \left|+\frac{2}{3}\right| =$

$= -\frac{1}{3} + \frac{1}{2} - \frac{2}{3} =$

$= -1 + \frac{1}{2} = -\frac{1}{2}$

b) $\dfrac{1,\dot{3} - \frac{5}{2}}{3\frac{1}{2} + 0,\dot{7}} =$

$= \left(1,\dot{3} - \frac{5}{2}\right) : \left(3\frac{1}{2} + 0,\dot{7}\right) =$

$= \left(1\frac{3}{9} - \frac{5}{2}\right) : \left(3\frac{1}{2} + \frac{7}{9}\right) =$

$= \left(1\frac{1}{3} - \frac{5}{2}\right) : \left(3\frac{1}{2} + \frac{7}{9}\right) =$

$= \left(\frac{4}{3} - \frac{5}{2}\right) : \left(\frac{7}{2} + \frac{7}{9}\right) =$

$= \left(\frac{8}{6} - \frac{15}{6}\right) : \left(\frac{63}{18} + \frac{14}{18}\right) =$

$= -\frac{7}{6} \cdot \frac{18}{77} =$

$= -\frac{1}{1} \cdot \frac{3}{11} = -\frac{3}{11}$

B 4

Flächenberechnung

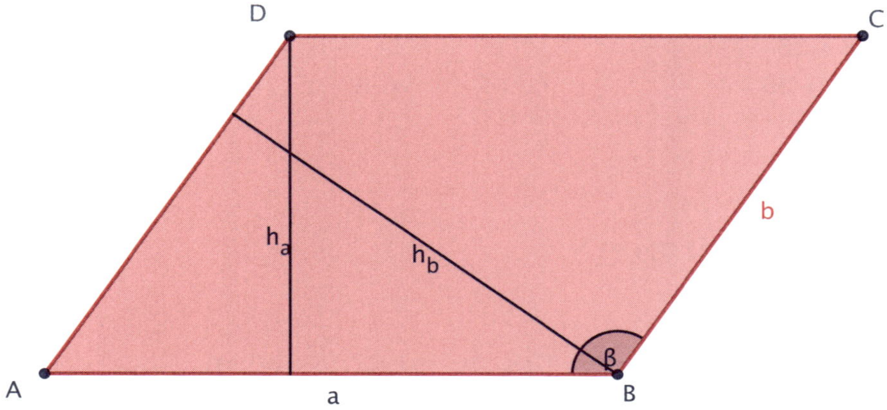

$b = 5,7$ cm
$h_a = 4,6$ cm
$h_b = 6,2$ cm

$A_1 = a \cdot h_a$
$A_1 = 7,6 \cdot 4,6$
$A_1 = 34,96$ cm²

$7,6 \cdot 4,6$
304
456
34,96

$5,7 \cdot 6,2$
342
114
35,34

$A_2 = b \cdot h_b$
$A_2 = 5,7 \cdot 6,2$
$A_2 = 35,34$ cm²

$A = \frac{1}{2} \cdot (A_1 + A_2)$
$A = \frac{1}{2} \cdot (34,96 + 35,34)$
$A = \frac{1}{2} \cdot 70,30$
$A = 35,15$ cm²

2. Schularbeit E

B 1

Rechnen mit Termen

$a^2 \cdot (a - 2b^2) + b^2 \cdot (4a^2 - b) - ab \cdot (2ab - 3a) =$
$= a^3 - 2a^2b^2 + 4a^2b^2 - b^3 - 2a^2b^2 + 3a^2b =$
$= a^3 + 3a^2b - b^3$

Probe:

T_A: $(-2)^2 \cdot [(-2) - 2 \cdot 3^2] + 3^2 \cdot [4 \cdot (-2)^2 - 3] - (-2) \cdot 3 \cdot [2 \cdot (-2) \cdot 3 - 3 \cdot (-2)] =$
$= 4 \cdot [-2 - 2 \cdot 9] + 9 \cdot [4 \cdot 4 - 3] - (-6) \cdot [-12 + 6] =$
$= 4 \cdot (-20) + 9 \cdot 13 - (-6) \cdot (-6) =$
$= -80 + 117 - 36 =$
$= -116 + 117 = 1$

T_E: $(-2)^3 + 3 \cdot (-2)^2 \cdot 3 - 3^3 =$
$= -8 + 3 \cdot 4 \cdot 3 - 27 =$
$= -8 + 36 - 27 =$
$= -35 + 36 = 1$ $\qquad T_A = T_E$ w. A.

B 2

Zehnerpotenzen

a) $3{,}478021 \cdot 10^4 = 34780{,}21$

b) $1{,}475 \cdot 10^6$ kg

c) (1) Jupiter 778 000 000 km = $7{,}78 \cdot 10^8$ km = $7{,}78 \cdot 10^{11}$ m
(2) Neptun 4,494 Milliarden km = $4{,}494 \cdot 10^9$ km = $4{,}494 \cdot 10^{12}$ m
(3) Merkur 58 Millionen km = $58 \cdot 10^6$ km = $5{,}8 \cdot 10^7$ km = $5{,}8 \cdot 10^{10}$ m

B 3

Rechnen mit rationalen Zahlen

$\left(-5\tfrac{1}{2} + 7\tfrac{3}{5}\right) \cdot \left(-1\tfrac{2}{3}\right) - 3\tfrac{1}{2} : \left(-\tfrac{5}{6} + \tfrac{4}{9}\right) - 4\tfrac{1}{2} =$
$= \left(-\tfrac{11}{2} + \tfrac{38}{5}\right) \cdot \left(-\tfrac{5}{3}\right) - \tfrac{7}{2} : \left(-\tfrac{5}{6} + \tfrac{4}{9}\right) - \tfrac{9}{2} =$
$= \left(-\tfrac{55}{10} + \tfrac{76}{10}\right) \cdot \left(-\tfrac{5}{3}\right) - \tfrac{7}{2} : \left(-\tfrac{15}{18} + \tfrac{8}{18}\right) - \tfrac{9}{2} =$
$= \tfrac{21}{10} \cdot \left(-\tfrac{5}{3}\right) - \tfrac{7}{2} : \left(-\tfrac{7}{18}\right) - \tfrac{9}{2} =$
$= -\tfrac{7}{2} - \tfrac{7}{2} \cdot \left(-\tfrac{18}{7}\right) - \tfrac{9}{2} =$
$= -\tfrac{7}{2} + 9 - \tfrac{9}{2} =$
$= -8 + 9 = 1$

B 4

Aufstellen von Formeln

a) Geschäft
K … Kosten in €
x … Menge in kg $\quad K = 2{,}60 \cdot x$

b) Marillenbauer
K … Kosten in €
x … Menge in kg $\quad K = 1{,}50 \cdot x + 25$

Menge in kg	Geschäft	Marillenbauer
2	5,20 €	28 €
10	26 €	40 €
20	52 €	55 €
25	65 €	62,50 €
40	104 €	85 €

Wenn man kleinere Mengen wie 2 kg, 10 kg und 20 kg Marillen kauft, ist es im Geschäft günstiger. Bei 25 kg und 40 kg kauft man beim Marillenbauer günstiger.

2. Schularbeit F

B 1

Aufstellen von Formeln

a) $u = 26 \cdot x$
$A = 19 \cdot x \cdot x = 19x^2$

b) Quader: $s = 4 \cdot a + 4 \cdot b + 4 \cdot c = 4 \cdot (a + b + c)$
Würfel: $s = 12 \cdot a$

B 2

Rechnen mit Termen

$5a^2b - \{3a^2b - [a^3 - ab^2 - (2a^2b - ab^2)]\} =$
$= 5a^2b - \{3a^2b - [a^3 - ab^2 - 2a^2b + ab^2]\} =$
$= 5a^2b - \{3a^2b - [a^3 - 2a^2b]\} =$
$= 5a^2b - \{3a^2b - a^3 + 2a^2b\} =$
$= 5a^2b - \{5a^2b - a^3\} =$
$= 5a^2b - 5a^2b + a^3 = a^3$

T_A: $\quad 5 \cdot (-2)^2 \cdot 3 - \{3 \cdot (-2)^2 \cdot 3 - [(-2)^3 - (-2) \cdot 3^2 - (2 \cdot (-2)^2 \cdot 3 - (-2) \cdot 3^2)]\} =$
$= 5 \cdot 4 \cdot 3 - \{3 \cdot 4 \cdot 3 - [-8 - (-2) \cdot 9 - (2 \cdot 4 \cdot 3 - (-2) \cdot 9)]\} =$
$= 60 - \{36 - [-8 + 18 - (24 + 18)]\} =$
$= 60 - \{36 - [-8 + 18 - 42]\} =$ $\qquad T_E: (-2)^3 = -8$
$= 60 - \{36 - (-32)\} =$
$= 60 - \{36 + 32\} =$ $\qquad T_A = T_E \quad$ w. A.
$= 60 - 68 = -8$

B 3

Rechnen mit Zehnerpotenzen

a) (1) $1{,}988 \cdot 10^{30} : (5{,}97 \cdot 10^{24}) =$ $\qquad$ $19{,}88 : 5{,}97 = 3{,}329.. \approx 3{,}33$

$= 19{,}88 \cdot 10^{29} : (5{,}97 \cdot 10^{24}) =$

$= 3{,}33 \cdot 10^5$

Das Sonnensystem hat ca. $3{,}33 \cdot 10^5$ (= 333000)-mal mehr Masse als die Erde.

(2) $1{,}988 \cdot 10^{30} - 1{,}986 \cdot 10^{30} = (1{,}988 - 1{,}986) \cdot 10^{30} = 0{,}002 \cdot 10^{30} = 2 \cdot 10^{27}$

Unser Sonnensystem hat ohne Sonne eine Masse von $2 \cdot 10^{27}$ kg.

(3) $A = G \cdot \frac{p}{100}$

$p = \frac{100 \cdot A}{G}$

$p = \frac{100 \cdot 1{,}986 \cdot 10^{30}}{1{,}988 \cdot 10^{30}} = \frac{198{,}6}{1{,}988} = 99{,}89..$

Auf die Sonnenmasse entfallen fast 99,9% der Gesamtmasse.

b) 42,4 Mill. km² = 42400000 km² = $4{,}24 \cdot 10^7$ km²

920 Mill. = 920000000 = $9{,}2 \cdot 10^8$

Dichte = Einwohner/km² (Einwohner pro km²)

Abschätzung:

$4{,}24 \cdot 10^7 \approx 4 \cdot 10^7$ $\qquad$ $(9 \cdot 10^8) : (4 \cdot 10^7) =$

$9{,}2 \cdot 10^8 \approx 9 \cdot 10^8$ $\qquad$ $= (90 \cdot 10^7) : (4 \cdot 10^7) = 90 : 4 = 22{,}5$

Rechnung:

$(9{,}2 \cdot 10^8) : (4{,}24 \cdot 10^7) = 21{,}698 .. \approx 22$

Die Bevölkerungsdichte beträgt rund 22 Einwohner pro km².

B 4

Rechnen mit rationalen Zahlen

$2\frac{3}{5} \cdot 1\frac{2}{3} + \left(\frac{7}{9} + \frac{11}{5}\right) : \left(\frac{44}{45} - \frac{14}{15}\right) - \left(2\frac{3}{5} - 1\frac{5}{6}\right) : \frac{4}{15} =$

$= \frac{13}{5} \cdot \frac{5}{3} + \left(\frac{35}{45} + \frac{99}{45}\right) : \left(\frac{44}{45} - \frac{42}{45}\right) - \left(\frac{13}{5} - \frac{11}{6}\right) : \frac{4}{15} =$

$= \frac{13}{3} + \frac{134}{45} : \frac{2}{45} - \left(\frac{78}{30} - \frac{55}{30}\right) : \frac{4}{15} =$

$= \frac{13}{3} + \frac{134}{45} \cdot \frac{45}{2} - \frac{23}{30} \cdot \frac{15}{4} =$

$= \frac{13}{3} + 67 - \frac{23}{8} =$

$= \frac{104}{24} + 67 - \frac{69}{24} =$

$= 67 + \frac{35}{24} = 68\frac{11}{24}$

2. Schularbeit

2. Schularbeit G

B 1

Rechnen mit rationalen Zahlen

a) $\left[3\frac{1}{4} : \left(-5\frac{5}{12}\right) + 2\frac{1}{2} \cdot 4\frac{2}{5}\right] : 6\frac{1}{2} =$

$= \left[\frac{13}{4} : \left(-\frac{65}{12}\right) + \frac{5}{2} \cdot \frac{22}{5}\right] : \frac{13}{2} =$

$= \left[\frac{13}{4} \cdot \left(-\frac{12}{65}\right) + \frac{5}{2} \cdot \frac{22}{5}\right] : \frac{13}{2} =$

$= \left[-\frac{3}{5} + 11\right] : \frac{13}{2} =$

$= \left[-\frac{3}{5} + \frac{55}{5}\right] \cdot \frac{2}{13} =$

$= \frac{52}{5} \cdot \frac{2}{13} = \frac{8}{5}$

b) $\frac{-5\frac{1}{2} - 2\frac{1}{3}}{1 - \frac{5}{2}} = \left(-5\frac{1}{2} - 2\frac{1}{3}\right) : \left(1 - \frac{5}{2}\right) =$

$= \left(-\frac{11}{2} - \frac{7}{3}\right) : \left(\frac{2}{2} - \frac{5}{2}\right) =$

$= \left(-\frac{33}{6} - \frac{14}{6}\right) : \left(-\frac{3}{2}\right) =$

$= -\frac{47}{6} \cdot \left(-\frac{2}{3}\right) = \frac{47}{9} = 5\frac{2}{9}$

B 2

Flächenberechnung

Dreiecksfläche:

$A = \frac{1}{2} \cdot c \cdot h_c$

$A = \frac{1}{2} \cdot 8{,}4 \cdot 2{,}5$

$A = 4{,}2 \cdot 2{,}5$

$A = 10{,}5\ m^2$

$A = 105\,000\ cm^2$

Nebenrechnung:

4,2 · 2,5
84
210
10,50

Raute:

$A = \frac{1}{2} \cdot e \cdot f$

$A = \frac{1}{2} \cdot 36 \cdot 24$

$A = 18 \cdot 24$

$A = 432\ cm^2$

Nebenrechnung:

24 · 18
192
432

Anzahl der Platten:

105 000 : 432 = 243
1 860
1 320
24 R

Man braucht mindestens 244 Platten.

20 % Verschnitt

G = 244

p = 120 %

A = ?

$A = G \cdot \frac{p}{100}$

$A = 244 \cdot \frac{120}{100}$

244 · 1,2
488
292,8

Wenn man 20 % Verschnitt berücksichtigt, braucht man 293 Platten.

Preis

293 · 9,5
2637
1465
2783,5

Man muss für die Platten 2783,50 € bezahlen.

B 3

Rechnen mit Termen

$x^2 \cdot (x^2 + xy + y^2) - xy \cdot (x^2 + y^2) - y^2 \cdot (x^2 - xy + y^2) =$
$= x^4 + x^3y + x^2y^2 - x^3y - xy^3 - x^2y^2 + xy^3 - y^4 =$
$= x^4 - y^4$

Probe:

T_A: $3^2 \cdot [3^2 + 3 \cdot (-2) + (-2)^2] - 3 \cdot (-2) \cdot [3^2 - (-2)^2] - (-2)^2 \cdot [3^2 - 3 \cdot (-2) + (-2)^2] =$
$= 9 \cdot [9 + 3 \cdot (-2) + 4] - 3 \cdot (-2) \cdot [9 + 4] - 4 \cdot [9 - 3 \cdot (-2) + 4] =$
$= 9 \cdot [9 - 6 + 4] - (-6) \cdot [9 + 4] - 4 \cdot [9 + 6 + 4] =$
$= 9 \cdot 7 + 6 \cdot 13 - 4 \cdot 19 =$
$= 63 + 78 - 76 = 65$

T_E: $3^4 - (-2)^4 =$
$= 81 - 16 = 65$ $\quad T_A = T_E \quad$ w. A.

B 4

Rechnen mit Potenzen

a) (1) $x^3 \cdot x^4 = x^7$ Potenzen mit derselben Basis werden multipliziert, indem man die Exponenten addiert und die Basis unverändert lässt.

(2) $(2x)^3 = 8x^3$ Ein Produkt wird potenziert, indem man jeden Faktor potenziert.

(3) $(x^2)^3 = x^6$ Eine Potenz wird potenziert, indem man die Exponenten multipliziert.

b) $T\left(-\frac{a}{3}\right) = 9 \cdot \left(-\frac{a}{3}\right)^3 - \left(-\frac{a}{3}\right)^2 + 3 \cdot \left(-\frac{a}{3}\right)$
$= 9 \cdot \left(-\frac{a^3}{27}\right) - \frac{a^2}{9} - a =$
$= -\frac{a^3}{3} - \frac{a^2}{9} - a$

3. Schularbeit A

B 1

Rechnen mit Potenzen

a) $3a^2 \cdot 4ab^2 = 12a^3b^2$

b) $4c^2d^2 \cdot 5c^3d = 20c^5d^3$

c) $(7x)^2 \cdot (3x)^2 = 49x^2 \cdot 9x^2 = 441x^4$

d) $a^2b^3 \cdot (5ab^4)^2 = a^2b^3 \cdot 25a^2b^8 = 25a^4b^{11}$

e) $(3u^2v)^2 \cdot (5uv^3)^2 = 9u^4v^2 \cdot 25u^2v^6 = 225u^6v^8$

f) $(2x)^4 - 2x^4 = 16x^4 - 2x^4 = 14x^4$

B 2

Binomische Formeln

a) $(a + b)^2 = a^2 + 2ab + b^2$

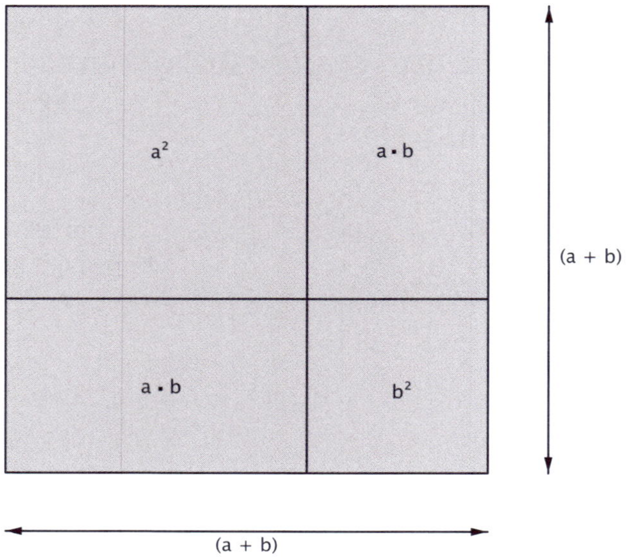

$(a + b) \cdot (a + b) = a^2 + 2ab + b^2$

b) (1) $(a - b)^2 = a^2 - 2ab + b^2$

$$\begin{array}{l} \underline{(a - b) \cdot (a - b)} \\ a^2 - ab \\ \underline{\quad - ab + b^2} \\ a^2 - 2ab + b^2 \end{array}$$

(2) $(a - b) \cdot (a + b) = a^2 - b^2$

$$\begin{array}{l} \underline{(a - b) \cdot (a + b)} \\ a^2 - ab \\ \underline{\quad + ab - b^2} \\ a^2 \qquad - b^2 \end{array}$$

B2

c) $(a + 2b)^2 - (2a - b)^2 - 3 \cdot (a + b) \cdot (a - b) =$

$= a^2 + 4ab + 4b^2 - (4a^2 - 4ab + b^2) - 3 \cdot (a^2 - b^2) =$

$= a^2 + 4ab + 4b^2 - 4a^2 + 4ab - b^2 - 3a^2 + 3b^2 =$

$= -6a^2 + 8ab + 6b^2$

Probe:

T_A: $[(-3) + 2 \cdot (-5)]^2 - [2 \cdot (-3) - (-5)]^2 - 3 \cdot [(-3) + (-5)] \cdot [(-3) - (-5)] =$

$= (-3 - 10)^2 - (-6 + 5)^2 - 3 \cdot (-8) \cdot (-3 + 5) =$

$= (-13)^2 - (-1)^2 - 3 \cdot (-8) \cdot 2 =$

$= 169 - 1 + 48 =$

$= 168 + 48 = 216$

T_E: $-6 \cdot (-3)^2 + 8 \cdot (-3) \cdot (-5) + 6 \cdot (-5)^2 =$

$= -6 \cdot 9 + 8 \cdot 15 + 6 \cdot 25 =$

$= -54 + 120 + 150 =$

$= -54 + 270 = 216$ $T_A = T_E$ w. A.

B3

Verhältnisse und Proportionen

a) $140 : 100 : 60 = 14 : 10 : 6 = 7 : 5 : 3$

$7k + 5k + 3k = 19\,500$

$15k = 19\,500$

$k = 1\,300$

$1\,300 \cdot 7 = 9\,100$

$1\,300 \cdot 5 = 6\,500$

$1\,300 \cdot 3 = 3\,900$

Probe $19\,500$ w. A.

Die Partei A muss 9 100 €, Partei B 6 500 € und die Partei C 3 900 € bezahlen.

b) $a = 3k$, $b = 5k$, $c = 4k$

$4 \cdot a + 4 \cdot b + 4 \cdot c =$ Kantenlänge

$4 \cdot 3k + 4 \cdot 5k + 4 \cdot 4k = 144$

$12k + 20k + 16k = 144$

$48k = 144$

$k = 3$

a = 9 cm, b = 15 cm, c = 12 cm

$V = a \cdot b \cdot c$

$V = 9 \cdot 15 \cdot 12$

$V = 1\,620\ cm^3$

$O = 2 \cdot (a \cdot b + a \cdot c + b \cdot c)$

$O = 2 \cdot (9 \cdot 15 + 9 \cdot 12 + 15 \cdot 12)$

$O = 2 \cdot (135 + 108 + 180)$

$O = 2 \cdot 423$

$O = 846\ cm^2$

B 4

Flächenberechnung

$A = \frac{1}{2} \cdot (a + c) \cdot h \qquad | \cdot 2$

$2A = (a + c) \cdot h \qquad | : h$

$\frac{2A}{h} = a + c \qquad | - c$

$\frac{2A}{h} - c = a$

$a = \frac{2A}{h} - c$

$a = \frac{2 \cdot 4189}{59} - 62$

$a = 142 - 62$

$a = 80$ mm

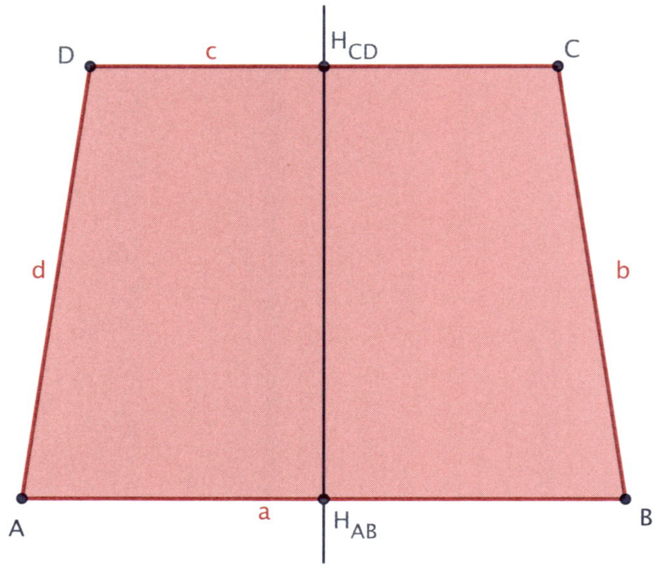

3. Schularbeit B

B 1

Rechnen mit Potenzen

a) (1) $3 \cdot 4^2 + 2^2 \cdot 5^2$
$= 3 \cdot 16 + 4 \cdot 25 =$
$= 48 + 100 = 148$

(2) $4^3 \cdot 5 - 3^4 \cdot 2 =$
$= 64 \cdot 5 - 81 \cdot 2 =$
$= 320 - 162 = 158$

b) (1) $(3 + 4) \cdot 2^3 =$
$= 7 \cdot 8 = 56$

(2) $(3 + 4 \cdot 2)^3 =$
$= (3 + 8)^3 =$
$= 11^3 = 1331$

(3) $3 + (4 \cdot 2)^3 =$
$= 3 + 8^3 =$
$= 3 + 512 = 515$

B 2

Binomische Formeln

$(2x^2 + 3xy - 2y^2) \cdot (2x - 3y) - (x^2 - 2xy + y^2) \cdot (x + 2y) =$
$= 4x^3 + 6x^2y - 4xy^2 - 6x^2y - 9xy^2 + 6y^3 - (x^3 - 2x^2y + xy^2 + 2x^2y - 4xy^2 + 2y^3) =$
$= 4x^3 - 13xy^2 + 6y^3 - (x^3 - 3xy^2 + 2y^3) =$
$= 4x^3 - 13xy^2 + 6y^3 - x^3 + 3xy^2 - 2y^3 =$
$= 3x^3 - 10xy^2 + 4y^3$

Probe:

T_A: $(2 \cdot 2^2 + 3 \cdot 2 \cdot 3 - 2 \cdot 3^2) \cdot (2 \cdot 2 - 3 \cdot 3) - (2^2 - 2 \cdot 2 \cdot 3 + 3^2) \cdot (2 + 2 \cdot 3) =$
$= (2 \cdot 4 + 18 - 2 \cdot 9) \cdot (4 - 9) - (4 - 12 + 9) \cdot (2 + 6) =$
$= (8 + 18 - 18) \cdot (-5) - (4 - 12 + 9) \cdot 8 =$
$= 8 \cdot (-5) - 1 \cdot 8 =$
$= -40 - 8 = -48$

T_E: $3 \cdot 2^3 - 10 \cdot 2 \cdot 3^2 + 4 \cdot 3^3 =$
$= 3 \cdot 8 - 10 \cdot 2 \cdot 9 + 4 \cdot 27 =$
$= 24 - 180 + 108 =$
$= 132 - 180 = -48$ $\qquad T_A = T_E \qquad$ w. A.

Aufsteigen ...
Mathematik 3
Schularbeiten

AUFGABEN

Schülertraining aktiv
ArcheNEO 1b, 1. Stock
Pass-Thurn-Straße 23, 6372 Oberndorf in Tirol
mobil +43 (0)676/701 61 99
e-mail office@schuelertraining-aktiv.at
web www.schuelertraining-aktiv.at

G&G

Die Aufgaben wurden so zusammengestellt, dass jedes Beispiel mit 12 Punkten bewertet werden kann. Du kannst also insgesamt bei jeder Schularbeit 48 Punkte erreichen. Einen allgemein üblichen Bewertungsschlüssel zeigt die folgende Tabelle.

Note	Punkte
Sehr gut	48–44 Punkte
Gut	43–38 Punkte
Befriedigend	37–31 Punkte
Genügend	30–24 Punkte
Nicht genügend	bei weniger als 24 Punkten

Auch wenn deine Lehrerin/dein Lehrer ein etwas anderes Punktesystem verwendet, kannst du mit dem angegebenen Beurteilungsschlüssel arbeiten und so deine Kenntnisse überprüfen.

1. SCHULARBEIT A

B 1

Rechnen mit ganzen Zahlen

a) (–3) · [(–4) · (–2) + (–2)] – (–4) · [(–3) · (+2) – (–4)] =
b) [(–140) : (–35) + (+24) · (–8)] · [(–5) · (–17) – (+35)] =
c) Wie werden ganze Zahlen mit verschiedenen Vorzeichen addiert?

B 2

Rechnen mit ganzen Zahlen

a) Gib das Assoziativgesetz für die Addition ganzer Zahlen als Formel an und überprüfe es anhand eines Beispiels mit selbst gewählten negativen Zahlen!
b) Welche Zahl muss man von –36 subtrahieren, um –15 zu erhalten?
c) Welche Zahl muss man zu –24 addieren, um – 49 zu erhalten?
d) Berechne für x = –3 und y = +5
   (1) $|x - y| + |y| - 2 \cdot x$
   (2) $|x| - |2 \cdot y|$
e) Wie kann man ganze Zahlen graphisch darstellen?

B 3

Rechnen mit ganzen Zahlen

Fam. Österreicher hat ein Gehaltskonto mit einem Kontostand von 0 €. Am 1. Tag des Monats werden folgende Fixkosten abgebucht: Wohnungsmiete 456 €, Strom und Gaskosten 233 €, Autoversicherung 73 € und für diverse andere Fixausgaben 315 €. Auf das Konto werden am selben Tag folgende Beiträge als Familienbeihilfe überwiesen:
für das 1. Kind: 164 €, für das 2. Kind: 195 €, für das 3. Kind: 239 €.

a) Wie hat sich durch diese Aus- und Einzahlungen der Kontostand insgesamt verändert?
b) Auf das Konto der Fam. Österreicher werden am 2. Tag des Monats 1 972 € Gehalt überwiesen. Wie hoch ist der neue Kontostand?
c) Am 3. Tag des Monats werden für eine Autoreparatur 134 € abgebucht. Wie hoch ist der neue Kontostand?

B 4

Koordinatensystem

a) Spiegle den Punkt A(–3/2) an der x-Achse. Welche Koordinaten hat der gespiegelte Punkt und in welchem Quadranten liegt er?
b) Spiegle den Punkt B(–4/–5) an der y-Achse. Welche Koordinaten hat der gespiegelte Punkt und in welchem Quadranten liegt er?
c) Was kann man über das Vorzeichen der Koordinaten aussagen, wenn ein Punkt im 2. Quadranten liegt?
d) Zeichne das Dreieck ABC [A(–7/–1), B(0/0), C(0/6)] in ein Koordinatensystem und konstruiere den Umkreismittelpunkt U. Gib die Koordinaten von U an.

1. SCHULARBEIT B

B 1 *Rechnen mit ganzen Zahlen*

Berechne

a) $(-6) \cdot (+3) - (-9) \cdot [(-2) + (-8) \cdot (-5) + (-12)] - (+5) \cdot (-2) \cdot |-7| =$

b) $(-12) - |(-7) - (-25)| : (-6) =$

c) $|(-5) + (-13)| - |(+3) - (-19)| : |(-4) - (+7)| =$

B 2 *Rechnen mit ganzen Zahlen*

a) Rom soll im Jahr 753 vor Christus gegründet worden sein. Wie lange dauerte insgesamt die römische Herrschaft, wenn 476 nach Christus das Weströmische Reich zerfiel?

b) Gaius Julius Caesar wurde 44 vor Christus im Alter von 56 Jahren ermordet. In welchem Jahr wurde er geboren?

c) Gaius Julius Caesar führte den 1. Feldzug gegen Britannien im Jahr 55 vor Christus durch. Wie alt war Caesar damals?

B 3 *Dreieck*

a) Von einem Dreieck ABC kennt man den Flächeninhalt $A = 490\ mm^2$ und die Länge der Höhe $h_b = 2{,}8$ cm. Berechne die Länge der zugehörigen Seite!

b) Die Gemeindearbeiter vermessen ein Grundstück, welches die Form eines Dreiecks hat. Eine Länge wird mit 76,0 m angegeben und die zugehörige Höhe mit 53,0 m. Berechne den Flächeninhalt! Um wie viel Prozent weicht der errechnete Flächeninhalt ab, wenn sich die Gemeindearbeiter vermessen und die Höhe irrtümlich um 1 m länger angegeben haben.

B 4 *Koordinatensystem*

Ein Kreis mit dem Mittelpunkt M(0/–3) und dem Radius r = 3 cm wird von einer Geraden, die durch die Punkte P(–1/–7) und Q(4/–2) verläuft, geschnitten. Gib die Koordinaten der Schnittpunkte S_1 und S_2 an! Zeichne in S_1 und S_2 die Tangenten t_1 und t_2 an den Kreis und gib die Koordinaten des Schnittpunkts S der Tangenten an! Welchen Winkel schließen die beiden Tangenten ein?

1. SCHULARBEIT C

B 1

Positive und negative Zahlen

a) Ordne die Zahlen der Größe nach und gib sie in einer Ungleichungskette an, indem du das Zeichen „<“ verwendest!

$-2{,}9 \quad +7{,}98 \quad -1{,}08 \quad -3{,}76 \quad +0{,}09 \quad -0{,}91 \quad -0{,}9 \quad +6{,}05$

b) Setze das richtige Zeichen <, =, > ein, so dass eine wahre Aussage entsteht!

(1) $|-15| \quad |-12|$ (2) $|-2| \quad -2$ (3) $+25 \quad |-25|$

(4) $+7 \quad |-9|$ (5) $|-5| \quad 0$ (6) $|39| \quad +39$

B 2

Rechnen mit ganzen Zahlen

Berechne

a) $(-3) \cdot (+5) - [(-9) \cdot (+2) - (+125) : (-25)] =$

b) $37 - (-5) \cdot [2 \cdot (-3) - (-4) \cdot 3] - (-144) : (+36) =$

c) Welche Zahl muss man von 24 subtrahieren, um 40 zu erhalten?

B 3

Koordinatensystem, Flächeninhalt eines Parallelogramms

a) Von einem Parallelogramm kennt man die Punkte A(–2/–2), B(6/–2) und D(–5/1). Zeichne das Parallelogramm und gib die Koordinaten des Punktes C an! Berechne den Flächeninhalt!

b) Erkläre, wie man die Formel für den Flächeninhalt eines rechtwinkligen Dreiecks erhält. Gib die Formel auch in Worten an!

B 4

Koordinatensystem

a) Von einem Dreieck ABC kennt man die Koordinaten der Eckpunkte A(–1/–3), B(3/–3), C(1/1). Konstruiere den Höhenschnittpunkt und gib dessen Koordinaten an!

b) Ein Kreis mit dem Mittelpunkt M(1/–2) und dem Radius r = 3 cm wird von einer Geraden, die durch die Punkte P(0/–6) und Q(5/–1) verläuft, geschnitten. Gib die Koordinaten der Schnittpunkte S_1 und S_2 an!

1. SCHULARBEIT D

B 1 *Rechnen mit ganzen Zahlen*

a) (–4) · [(–2) · (–3) + (–2)] – (–3) · [(–4) · (+2) – (–5)] =
b) [(–210) : (–35) + (+24) : (–8)] · [(–6) · (–14) – (+35)] =
c) Wie werden ganze Zahlen mit gleichem Vorzeichen addiert?

B 2 *Rechnen mit ganzen Zahlen*

a) Gib das Assoziativgesetz für die Multiplikation ganzer Zahlen als Formel an und überprüfe es anhand eines Beispiels mit selbst gewählten negativen ganzen Zahlen!
b) Welche Zahl muss man von –15 subtrahieren, um –24 zu erhalten?
c) Welche Zahl muss man zu –36 addieren, um – 49 zu erhalten?
d) Berechne für x = –4 und y = +3
(1) $|x + y| - 2 \cdot |x| - y$
(2) $|x| + |2 \cdot y|$
e) Was versteht man unter dem Betrag einer Zahl?

B 3 *Rechnen mit ganzen Zahlen*

Buchungen auf einem Bankkonto:
(Schreibe jeweils die Rechnungen an und vergiss nicht auf eine Antwort!)
a) Wie viel € wurden eingezahlt?
Alter Kontostand: –2 356 € Neuer Kontostand: +692 €
b) Wie viel € wurden abgehoben?
Alter Kontostand: +623 € Neuer Kontostand: –179 €
c) Wie viel € waren ursprünglich auf dem Konto?
Es werden 1 354 € abgehoben. Neuer Kontostand: –621 €
d) Wie viel € waren ursprünglich auf dem Konto?
Es werden 1 978 € einbezahlt. Neuer Kontostand: 1 261 €

B 4 *Koordinatensystem*

a) Spiegle den Punkt A(3/–2) an der x-Achse. Welche Koordinaten hat der gespiegelte Punkt und in welchem Quadranten liegt er?
b) Spiegle den Punkt B(–2/–1) an der y-Achse. Welche Koordinaten hat der gespiegelte Punkt und in welchem Quadranten liegt er?
c) Was kann man über das Vorzeichen der Koordinaten aussagen, wenn ein Punkt im 4. Quadranten liegt?
d) Zeichne das Dreieck ABC [A(–5/–2), B(4/0), C(–2/5)] in ein Koordinatensystem und konstruiere den Schwerpunkt S. Gib die Koordinaten von S an.

1. SCHULARBEIT E

B 1 *Rechnen mit ganzen Zahlen*

Alexander der Große starb im Jahr 323 vor Christus in Babylon im Alter von 33 Jahren.

a) Wann wurde Alexander der Große geboren?

b) Im Jahr 334 vor Christus durchschlug Alexander den Gordischen Knoten. Wie alt war er damals?

c) Alexanders Vater, Philipp von Makedonien, regierte von 359 vor Christus bis zu seinem Tode 336 vor Christus. Nach seinem Tod übernahm Alexander die Regentschaft und war bis zu seinem Tod an der Macht. Wer von den beiden regierte länger und um wie viele Jahre?

B 2 *Rechnen mit rationalen Zahlen*

a) Ordne die folgenden Brüche der Größe nach und gib Schranken für diese Ungleichungskette an!

$-3\frac{1}{2}, -2\frac{1}{5}, -2\frac{3}{4}, -2\frac{1}{2}, -2\frac{3}{10}$

b) Schreib als Gleichung und berechne:
Welche Zahl muss man von $-12\frac{2}{3}$ subtrahieren, um $-3\frac{3}{5}$ zu erhalten?

c) Verwandle in einen Bruch und kürze, wenn möglich!
$3{,}4\dot{5} =$ $\qquad$ $0{,}735 =$ $\qquad$ $0{,}\dot{3}\dot{6} =$

d) Schreibe als Dezimalzahl:

$\frac{51}{99} =$ $\qquad$ $3\frac{17}{100} =$ $\qquad$ $8\frac{5}{12} =$

B 3 *Koordinatensystem, Flächeninhalt rechtwinkliger Dreiecke*

Von einem Parallelogramm ABCD kennt man die Punkte B(3/–2), C(4/2) und D(–2/4). Konstruiere das Parallelogramm und gib die Koordinaten des fehlenden Punktes an! Umschreibe dem Parallelogramm ein Viereck so, dass die Viereckseiten parallel zu den Koordinatenachsen liegen! Welches besondere Viereck erhält man? Um wie viel cm^2 ist dieses Viereck größer als das ursprüngliche Parallelogramm? Welchen Flächeninhalt hat das Parallelogramm?

B 4 *Koordinatensystem*

a) Von einem Dreieck ABC kennt man die Koordinaten der Eckpunkte A(–2/–2), B(4/–2), C(2/2). Konstruiere den Höhenschnittpunkt H und den Umkreismittelpunkt U! Gib die Koordinaten von H und U an!

b) Setze das richtige Zeichen „<“ bzw. „>“ ein:
(1) Ein Punkt, der im 3. Quadranten liegt, hat eine x-Koordinate … 0 und eine y-Koordinate … 0.
(2) Ein Punkt, der im 4. Quadranten liegt, hat eine x-Koordinate … 0 und eine y-Koordinate … 0.

1. SCHULARBEIT F

B 1 *Rechnen mit ganzen Zahlen*

a) Für welche ganze Zahlen gilt: $|x| < 5$?
b) Ordne der Größe nach, beginne mit der größten Zahl und schreibe in einer Ungleichungskette!
$|-5|$, -7, $|+2|$, 0, $|-8|$, $|-1|$, 3
c) Berechne
$2 \cdot |-4| - [(-12) : (-3) + (-9) : (-3)] \cdot |-2| =$

B 2 *Rechnen mit rationalen Zahlen*

Berechne

$$-5\frac{7}{8} + \left(-3\frac{1}{3} + \frac{8}{15}\right) \cdot \frac{5}{28} - \left(2\frac{3}{5} + 1\frac{5}{6}\right) : \frac{4}{15} =$$

B 3 *Koordinatensystem*

a) Von einem Dreieck ABC kennt man die Koordinaten der Eckpunkte A(–6/1), B(–1/–2), C(–2/2). Konstruiere den Umkreismittelpunkt U und gib seine Koordinaten an!
b) Von einem Dreieck ABC kennt man die Koordinaten der Eckpunkte A(–5/–4), B(1/–4), C(–2/3). Konstruiere den Inkreismittelpunkt I und gib seine Koordinaten an!

B 4 *Koordinatensystem*

Konstruiere das Vieleck ABCDEF mit A(–2/–4), B(3/–3), C(8/–4), D(8/1), E(3/2), F(–2/1). Berechne den Flächeninhalt!

1. SCHULARBEIT G

B 1 *Ganze Zahlen*

Gib an, ob eine wahre oder falsche Aussage vorliegt! Stelle die falschen Aussagen richtig und begründe!

a) Es gibt eine kleinste ganze Zahl.
b) Der Betrag jeder ganzen Zahl ist ≥ 0.
c) Jede ganze Zahl ist auch eine natürliche Zahl.
d) $|-3| < |+3|$

B 2 *Rechnen mit ganzen Zahlen*

Berechne

a) $(+135) : (-9) - (-324) : (-36) + (-5) \cdot [(+300) : (-25) - (-12) \cdot (+3) - (-164) : (-4)] =$
b) (1) $|-144| : (-12) + (-169) : |+13| =$
   (2) $(-144) : |-12| + |-169| : (+13) =$

B 3 *Koordinatensystem*

a) Von einem Dreieck ABC kennt man die Koordinaten der Eckpunkte A(–6/–4), B(–1/–1), C(–5/2). Konstruiere den Schwerpunkt S und gib seine Koordinaten an!
b) Von einem Dreieck ABC kennt man die Koordinaten der Eckpunkte A(–2/–7), B(4/–3), C(–5/3). Konstruiere den Inkreismittelpunkt I und gib seine Koordinaten an!

B 4 *Koordinatensystem*

a) Spiegle den Streckenzug ABCDE [A(–3/–2), B(–1/–1), C(2/4), D(0/5), E(–2/3)] an der Geraden g, die durch die Punkte P(0/–1) und Q(5/4) verläuft und gib die Koordinaten der gespiegelten Punkte an!
b) Die Punkte A(–1/–2) und B(3/–1) sind die Eckpunkte eines Quadrats. Konstruiere das Quadrat und achte auf den Umlaufsinn! In welchen Quadranten liegen die Punkte C und D? Gib die Koordinaten von C und D an!

2. SCHULARBEIT A

B 1 *Flächenberechnung*

Von einem Dreieck ABC kennt man die Längen der Seiten a = 65 mm und b = 48 mm und die Größe des Winkels $\gamma = 115°$. Berechne den Flächeninhalt auf 3 Arten und bilde den Mittelwert! (Gib alle Formeln an, die du verwendest!)

B 2 *Rechnen mit rationalen Zahlen*

Berechne

a) $\left[\left(-4\frac{2}{3}\right)-\left(-3\frac{1}{2}\right)\right]\cdot\left(-1\frac{1}{2}\right)-\left(+1\frac{5}{7}\right):\left(-\frac{4}{7}\right)=$

b) $\dfrac{-4\frac{1}{4}-3{,}25}{-\frac{2}{3}\cdot\left(-\frac{1}{2}\right)}=$

B 3 *Rechnen mit Termen*

Berechne und mache die Probe für x = 2, y = 3!

$(6x^3 - 4xy^2) - [3xy^2 + 7y^2 - (5xy^2 + 7y^2) - 2x^3] =$

B 4 *Aufstellen von Formeln*

In einer Klasse gibt es B Buben und M Mädchen. Stelle eine Formel für den Zusammenhang zwischen Buben und Mädchen auf und gib jeweils ein (sinnvolles) Zahlenbeispiel an!

a) Es gibt dreimal so viele Buben wie Mädchen.
b) Es gibt um 5 Mädchen mehr als Buben.
c) Es gibt um ein Mädchen weniger als Buben.
d) Die Anzahl der Buben ist um 3 geringer als die doppelte Anzahl der Mädchen.

2. SCHULARBEIT B

B 1

Aufstellen von Formeln

Die Buskosten für den Wandertag betragen 450 €, für den Eintritt in den Tierpark muss jeder Schüler 3,50 € bezahlen.

a) Wähle entsprechende Variablen und beschreibe, wofür sie stehen! Gib dann eine Formel für die Gesamtkosten an!

b) Gib eine Formel für die Kosten eines einzelnen Schülers an!

c) Wie viel € bezahlt ein Klasse mit 25 Schülern?

B 2

Rechnen mit Zehnerpotenzen

Eine Rakete fliegt mit einer Durchschnittsgeschwindigkeit von ca. 12000 km/h. Wie lange braucht sie, um von der

a) Erde zum Mond (Entfernung $3{,}84 \cdot 10^5$ km)

b) Erde zum Fix-Stern Mathematica (Entfernung $4{,}8 \cdot 10^7$ km) zu fliegen?

Gib in den Ergebnissen die Zeiten in sinnvollen (vorstellbaren) Einheiten an!

B 3

Flächenberechnung

Der rechteckige Vorplatz eines Hauses (6 m × 10 m) soll mit rhombenförmigen Platten (e = 40 cm und f = 25 cm) ausgelegt werden. Wie viele Platten braucht man mindestens?

Berechne den Preis, wenn für eine Platte 4,60 € bezahlt werden müssen und man einen Verschnitt von 12 % hat!

(Gib alle Formeln an, die du verwendest!)

B 4

Rechnen mit Termen

a) Berechne und führe eine Probe mit p = 2 und q = 3 durch!

$p^2 - [2p - (3p^2 + 2q^2)] + 5p - 2q^2 =$

b) Berechne und führe die Probe mit x = 2 durch!

$5x^3 - 2x^2 - 3x^3 + 6x^2 - 4x =$

2. SCHULARBEIT C

B 1

Rechnen mit rationalen Zahlen

Berechne

$$\left(-5\tfrac{1}{2}+3\tfrac{1}{4}\right)\cdot\left(+2\tfrac{2}{3}\right)-\left(+1\tfrac{1}{5}-2\tfrac{2}{3}\right):\tfrac{11}{27}=$$

B 2

Rechnen mit Termen

a) Berechne und mache die Probe für $x = 3$ und $y = 2$!
$2x - 3y + \{x - 4y - 2 - [2x + 5y - (-3x + y)]\} =$

b) Berechne und mache die Probe für $a = 2$!
$2a^3 - 4a^2 + 5a^3 - 6a^2 + 4a =$

B 3

Rechnen mit Zehnerpotenzen

a) Der Umfang der Erdbahn um die Sonne beträgt ca. $9{,}6 \cdot 10^8$ km. Wie lange würde dafür ein Rennauto, das mit 300 km/h fährt, brauchen?

b) Die Entfernung beträgt
(1) Erde – Sonne $1{,}5 \cdot 10^8$ km   (2) Neptun – Sonne 4500 Mio. km
Wie lang braucht das Licht, um von der Sonne zur Erde bzw. zum Neptun zu gelangen?
Um wie viel Mal länger braucht es zum weiter entfernten Planeten?
Die Lichtgeschwindigkeit beträgt ungefähr $3 \cdot 10^5$ km/s.

B 4

Flächenberechnung

Von einem Rhombus kennt man die Länge der Diagonalen e = 9,4 cm und f = 5,2 cm. Konstruiere den Rhombus und zeichne den Inkreis ein! Gib die Länge des Inkreisradius an! Berechne den Flächeninhalt! Welche ist die dafür geeignete Formel (beachte die Angaben)?

2. SCHULARBEIT D

B 1

Rechnen mit Zehnerpotenzen

a) Verwandle $3{,}57 \cdot 10^3$ dm in mm und gib das Ergebnis in Gleitkommadarstellung an!
b) Stelle die Masse eines Blauwals von 120 Tonnen als Gleitkommazahl mit der Einheit kg dar.
c) Wievielmal so lang ist der Durchmesser der Sonne (rund 1 400 000 km) als der Durchmesser des Erdenmonds (ungefähr 3 500 km)? Verwandle zunächst in die Gleitkommadarstellung!
d) Die Entfernung, die das Licht in einem Jahr zurücklegt, beträgt 9 500 000 000 000 km. Diese Entfernung wird 1 Lichtjahr genannt. Wie groß ist die Entfernung zum fernsten je beobachteten Nebel, der 500 Millionen Lichtjahre von der Erde entfernt ist? Gib alle vorkommenden Größen in der Gleitkommadarstellung an.

B 2

Rechnen mit rationalen Zahlen

Berechne

$$\left[\left(-3\tfrac{1}{4} + 2\tfrac{1}{3}\right) : \left(-1\tfrac{5}{6}\right) + 2\tfrac{1}{6}\right] \cdot \left(-\tfrac{6}{25} + \tfrac{3}{5}\right) =$$

B 3

Rechnen mit rationalen Zahlen

a) Setze für $x = -\frac{1}{3}$ und $y = -\frac{1}{2}$ und berechne

(1) $2 \cdot |y| - x$ (2) $x - y - |x - 2 \cdot y|$

b) Berechne

$$\frac{1{,}\dot{3} - \frac{5}{2}}{3\frac{1}{2} + 0{,}\dot{7}} =$$

B 4

Flächenberechnung

Konstruiere das Parallelogramm ABCD mit $a = 7{,}6$ cm, $\beta = 125°$ und $e = 11{,}8$ cm. Berechne den Flächeninhalt auf zwei Arten und bestimme den Mittelwert!

2. SCHULARBEIT E

B 1

Rechnen mit Termen

Berechne und mache die Probe für a = –2, b = 3!

$a^2 \cdot (a - 2b^2) + b^2 \cdot (4a^2 - b) - ab \cdot (2ab - 3a) =$

B 2

Zehnerpotenzen

a) Schreibe ohne Zehnerpotenz: $3{,}478\,021 \cdot 10^4$

b) Schreibe in Gleitkommadarstellung: 1 475 000 kg

c) Die mittlere Entfernung Sonne – Planet beträgt ungefähr

(1) Jupiter 778 000 000 km

(2) Neptun 4,494 Milliarden km

(3) Merkur 58 Millionen km

Gib diese Entfernungen in m in Gleitkommadarstellung an!

B 3

Rechnen mit rationalen Zahlen

Berechne

$$\left(-5\tfrac{1}{2} + 7\tfrac{3}{5}\right) \cdot \left(-1\tfrac{2}{3}\right) - 3\tfrac{1}{2} : \left(-\tfrac{5}{6} + \tfrac{4}{9}\right) - 4\tfrac{1}{2} =$$

B 4

Aufstellen von Formeln

Familie Österreicher kauft Marillen. Wenn sie im Geschäft kauft, muss sie für 1 kg Marillen 2,60 € bezahlen. Beim Marillenbauer in der Wachau kostet 1 kg Marillen 1,50 €. Für die Fahrt in die Wachau entstehen Kosten in der Höhe von 25 €.

a) Gib für jede der Möglichkeiten eine Formel an!

b) Berechne beide Möglichkeiten für 2 kg, 10 kg, 20 kg, 25 kg, 40 kg. Was kannst du erkennen?

2. SCHULARBEIT F

B 1 *Aufstellen von Formeln*

a) Stelle eine Formel für den Umfang und den Flächeninhalt der angegebenen Figur auf!

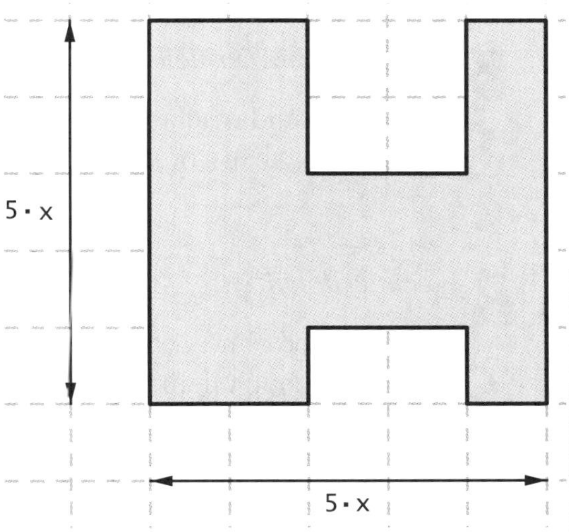

b) Stelle eine Formel für die Summe der Kantenlängen
– eines Quaders
– eines Würfels auf!

B 2 *Rechnen mit Termen*

Vereinfache und führe eine Probe mit a = –2 und b = 3 durch!

$5a^2b - \{3a^2b - [a^3 - ab^2 - (2a^2b - ab^2)]\} =$

B 3 *Rechnen mit Zehnerpotenzen*

a) Unser Sonnensystem hat eine Gesamtmasse von rund $1{,}988 \cdot 10^{30}$ kg, die Sonne selbst hat eine Masse von $1{,}986 \cdot 10^{30}$ kg. Die Erde hat eine Masse von $5{,}97 \cdot 10^{24}$ kg.
   (1) Wievielmal so viel Masse hat das Sonnensystem als die Erde?
   (2) Wie viel Masse hat unser Sonnensystem ohne Sonne?
   (3) Wie viel Prozent der Gesamtmasse entfallen auf die Sonnenmasse?

b) Amerika ist 42,4 Mill. km² groß und hat 920 Mill. Einwohner.
Gib die Einwohnerzahl und die Größe Amerikas in der Gleitkommadarstellung an!
Schätze die Bevölkerungsdichte ab (Schätzung mit Gleitkommadarstellung!) und berechne sie anschließend mit deinem TR!

B 4 *Rechnen mit rationalen Zahlen*

Berechne

$2\frac{3}{5} \cdot 1\frac{2}{3} + \left(\frac{7}{9} + \frac{11}{5}\right) : \left(\frac{44}{45} - \frac{14}{15}\right) - \left(2\frac{3}{5} - 1\frac{5}{6}\right) : \frac{4}{15} =$

2. Schularbeit

2. SCHULARBEIT G

B 1

Rechnen mit rationalen Zahlen

Berechne

a) $\left[3\frac{1}{4} : \left(-5\frac{5}{12}\right) + 2\frac{1}{2} \cdot 4\frac{2}{5}\right] : 6\frac{1}{2} =$

b) $\dfrac{-5\frac{1}{2} - 2\frac{1}{3}}{1 - \frac{5}{2}} =$

B 2

Flächenberechnung

Die Seitenfläche eines Hausdachs hat die Form eines gleichschenkligen Dreiecks mit der Basislänge 8,4 m und der Höhe von 2,5m. Die Seitenfläche soll mit Platten, die die Form einer Raute (e = 36 cm, f = 24 cm) haben, verkleidet werden. Wie teuer kommt die Verkleidung, wenn man 20 % für Verschnitt bzw. Überlappung rechnet und eine Platte 9,50 € kostet?

B 3

Rechnen mit Termen

Berechne

$x^2 \cdot (x^2 + xy + y^2) - xy \cdot (x^2 + y^2) - y^2 \cdot (x^2 - xy + y^2) =$

Führe eine Probe mit x = 3 und y = –2 durch!

B 4

Rechnen mit Potenzen

a) Berechne und gib die Formeln, die du zur Berechnung brauchst, mit Worten an!

(1) $x^3 \cdot x^4 =$

(2) $(2x)^3 =$

(3) $(x^2)^3 =$

b) Berechne $T(x) = 9x^3 - x^2 + 3x$ für $x = -\frac{a}{3}$

3. SCHULARBEIT A

B 1 *Rechnen mit Potenzen*

Berechne

a) $3a^2 \cdot 4ab^2 =$ b) $4c^2d^2 \cdot 5c^3d =$ c) $(7x)^2 \cdot (3x)^2 =$

d) $a^2b^3 \cdot (5ab^4)^2 =$ e) $(3u^2v)^2 \cdot (5uv^3)^2 =$ f) $(2x)^4 - 2x^4 =$

B 2 *Binomische Formeln*

a) Gib die Formel für $(a + b)^2 =$ an!
Veranschauliche diese Formel graphisch!

b) Leite die Formel für
(1) $(a - b)^2 =$ (2) $(a - b) \cdot (a + b) =$
rechnerisch her!

c) Berechne!
$(a + 2b)^2 - (2a - b)^2 - 3 \cdot (a + b) \cdot (a - b) =$
Für die Probe nimm für $a = -3$ und für $b = -5$!

B 3 *Verhältnisse und Proportionen*

a) Die Reparatur eines Hauses kostet 19 500 €. Der Betrag ist von den drei Hausparteien aufzubringen, und zwar im Verhältnis ihrer Wohnungsgrößen. Die Partei A bewohnt 140 m², die Partei B 100 m² und die Wohnung der Partei C ist 60 m² groß. Wie viel muss jede Partei bezahlen?

b) Bei einem Quader verhalten sich Länge zu Breite zu Höhe wie 3 : 5 : 4. Die Summe der Kantenlängen beträgt 144 cm. Berechne das Volumen und die Oberfläche!

B 4 *Flächenberechnung*

Von einem gleichschenkligen Trapez ABCD kennt man A, c und h. Leite für die Berechung der Seite a eine Formel ab! Berechne dann die Länge der Seite a für $A = 4\,189$ mm², $c = 62$ mm, $h = 59$ mm! Konstruiere das Trapez!

3. SCHULARBEIT B

B 1 *Rechnen mit Potenzen*

Berechne ohne Taschenrechner!

a) (1) $3 \cdot 4^2 + 2^2 \cdot 5^2$ (2) $4^3 \cdot 5 - 3^4 \cdot 2 =$

b) (1) $(3 + 4) \cdot 2^3 =$ (2) $(3 + 4 \cdot 2)^3 =$ (3) $3 + (4 \cdot 2)^3 =$

B 2 *Binomische Formeln*

Berechne und führe die Probe mit x = 2; y = 3 durch!

$(2x^2 + 3xy - 2y^2) \cdot (2x - 3y) - (x^2 - 2xy + y^2) \cdot (x + 2y) =$

B 3 *Textaufgaben, Herausheben*

a) In einem Rechteck ist die Länge um 12 cm länger als die Breite. Verkürzt man die Breite um 2 cm und lässt die Länge unverändert, so ist der Flächeninhalt des neuen Rechtecks um 36 cm^2 kleiner als der des ursprünglichen Rechtecks. Berechne die Länge und die Breite des ursprünglichen Rechtecks!

b) Verwandle durch Herausheben in ein Produkt

(1) $3ax - 2bx + 3ay - 2by$

(2) $4a \cdot (2x - y) - (2x - y)$

B 4 *Flächenberechnung*

Von einem rechtwinkligen Dreieck ABC ($\gamma = 90°$) kennt man die Länge der Seiten c = 68 mm und a = 54 mm.

a) Konstruiere das Dreieck!

b) Berechne den Flächeninhalt auf zweifache Weise und bilde den Mittelwert. Entnimm fehlende Größen aus deiner Zeichnung!

3. SCHULARBEIT C

B 1

Rechnen mit Potenzen

a) Ergänze die Sätze und schreibe dann jeweils eine Formel mit Variablen an.
   (1) Zwei Potenzen derselben Basis werden dividiert, indem man …
   (2) Ein Produkt wird potenziert, indem man …

b) Ergänze die Formel und schreibe sie dann in Worten an!

   (1) $a^r \cdot a^s =$ (2) $\left(\frac{a}{b}\right)^n =$

c) Berechne
   $(-24x^4y^5z^3) : (-6x^3y^4z) =$

d) Berechne! Überprüfe das Ergebnis durch eine Probe! Setze für $a = -2$ und $b = 3$ ein!
   $(-20a^2b^5) : (5a^2b^3) =$

B 2

Gleichungen

Löse die gegebene Gleichung und führe die Probe durch!
$(z + 7)^2 - (z + 6)^2 = (z + 3)^2 - (z + 4)^2$

B 3

Textaufgaben

a) Ein Radfahrer fährt mit 12 km pro Stunde und erreicht sein Ziel in 24 Minuten. Mit welcher Geschwindigkeit muss er fahren, damit er sein Ziel in 18 Minuten erreicht?

b) Ein Bauer schließt für seinen Betrieb eine Gefahrenversicherung ab. Der versicherte Wert ist 46 700 €. Die Jahresprämie beträgt 1,03 % der Versicherungssumme. Die Versicherungssteuer beträgt 11 % der Jahresprämie. Berechne wie viel Euro der Bauer im Jahr für die Versicherung bezahlen muss!

B 4

Flächenberechnung

Von einem gleichschenkligen Trapez ABCD kennt man A, a und c. Leite für die Berechung der Seite c eine Formel ab! Berechne dann die Länge der Höhe h für $A = 5\,328\text{ mm}^2$, $a = 92\text{ mm}$, $c = 56\text{ mm}$! Konstruiere das Trapez!

3. SCHULARBEIT D

B 1

Rechnen mit Termen

a) Hebe den größten gemeinsamen Faktor heraus!
$18x^3y^2 + 24x^2y^2 - 6x^2y^3 =$

b) Vereinfache so weit wie möglich! Führe eine Probe für a = 2 und b = 3 durch!
$(3a + 2b)^2 + 2 \cdot (2a - b) \cdot (2a + b) - (2a - 3b)^2 =$

B 2

Verhältnisse und Proportionen

a) Die Seitenlängen eines Dreiecks verhalten sich wie 5 : 3 : 4, der Umfang beträgt 144 cm. Wie lange sind die Seiten?

b) Frau Klima schließt für ihren Neuwagen eine Vollkaskoversicherung ab. Der Kaufpreis des Autos beträgt 22 850 €. An Versicherungsprämie ist für diese Wagentype 6,8 % zu bezahlen, die Versicherungssteuer beträgt 11 % der Prämie. Wie viel muss Frau Klima an Versicherungen bezahlen?

B 3

Binomische Formeln, Gleichungen

a) Ergänze:
(1) $(\ldots - \ldots)^2 = 9x^2 \ldots\ldots\ldots + 4y^2$
(2) $16a^2 + 24ab + \ldots = (\ldots + \ldots)^2$

b) Löse die Gleichung und führe eine Probe durch!
$4 \cdot (y - 2) + 3 \cdot (3 - 4y) = 2 \cdot (2 - y)$

B 4

Flächenberechnung

a) Von einem gleichschenkligen Trapez kennt man die Seite a = 9,6 cm, die Höhe h = 4,8 cm und den Winkel $\alpha = 70°$. Konstruiere das Trapez und zeichne seinen Umkreis ein.
Berechne den Flächeninhalt und entnimm fehlende Größen deiner Zeichnung!

b) Nenn noch zwei Vierecke, die einen Umkreis haben!

3. SCHULARBEIT E

B 1 *Rechnen mit Termen*

Berechne und führe die Probe mit $x = 3$; $y = 1$ durch!

$$4xy - [3x^2 + (2x - 3y)^2 - (x - 2y) \cdot (3x - 4y) - y^2] =$$

B 2 *Rechnen mit Termen*

a) Berechne und mache die Probe mit $u = 1$, $v = 3$, $w = 2$

$$(2u - 4v + 3w)^2 =$$

b) Vereinfache durch Herausheben!

$$(2a - 3b) \cdot (2y - x) - (2x - 3y) \cdot (2a - 3b) =$$

c) Vereinfache durch Herausheben und Kürzen!

(1) $\frac{2x^3y + x^2y^2}{8x^2 + 4xy}$ (2) $\frac{3a^5 + 6a^2}{6a^2 - 9a^3}$

B 3 *Textaufgaben*

a) Die Zehnerziffer einer zweistelligen Zahl ist 8. Vermindert man diese Zahl um 45, so erhält man die Zahl mit vertauschten Ziffern. Berechne die ursprüngliche Zahl!

b) Ein Rechteck hat die Umfangslänge 48 cm. Verkürzt man die Länge um 4 cm und vergrößert die Breite um 2 cm, so entsteht ein neues Rechteck, das einen um 10 cm² größeren Flächeninhalt hat. Berechne die Seitenlängen der beiden Rechtecke!

B 4 *Flächenberechnung*

Die Hauswand eines Miethauses hat die Form eines Trapezes. (Maße in m). Sie soll mit rhombenförmigen Eternitplatten ($e = 30$ cm, $f = 20$ cm) verkleidet werden.

a) Wie viele Platten braucht man mindestens?

b) Wie hoch kommen die Materialkosten, wenn man mit 10 % Verschnitt rechnen muss und eine Platte 1,50 € kostet?

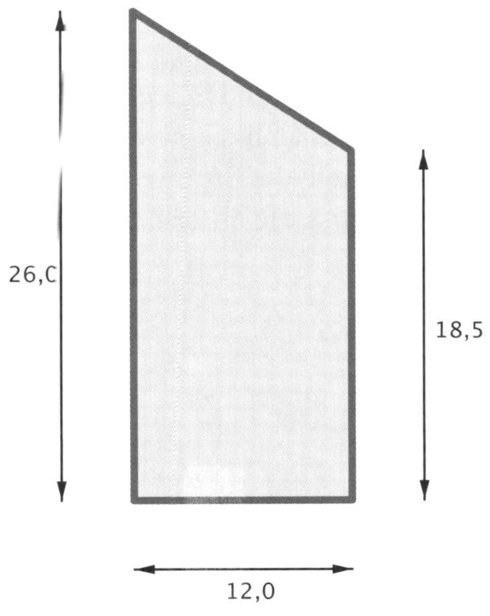

3. SCHULARBEIT F

B 1 *Rechnen mit Termen*

a) Ergänze jeweils, was fehlt!
(1) $(3a - \_\_)^2 = 9a^2 - \_\_ + 16$ (2) $(\_\_ + \_\_)^2 = \_\_ + 12xy + 4y^2$

b) Berechne und führe eine Probe mit x = 2 durch!
$(3x - 2)^2 + (x + 4) \cdot (x - 4) - (2x - 3)^2 =$

B 2 *Rechnen mit Termen*

Forme die gegebenen Termen durch Herausheben um!
(1) $20rs - 5r =$ (2) $x^2 + x =$ (3) $a^2b - ab^2 =$
(4) $(2x - y) \cdot (a + 2b) + (2x - y) \cdot (3a - b) =$
(5) $3ax + 5by - 5ay - 3bx =$

B 3 *Textaufgaben*

a) Drei Gemeinden errichten gemeinsam einen Schul-Neubau. Die Gesamtkosten in der Höhe von 3 250 000 € werden nach der Bevölkerungszahl im Verhältnis 4 : 3 : 6 aufgeteilt. Wie viel muss jede Gemeinde bezahlen?

b) Zum Belegen von 15 m² Fläche werden 240 Fliesen benötigt.
Wie viele solcher Fliesen braucht man mindestens für den Boden eines Schwimmbades mit einer rechteckigen Fläche von 8,5 m Länge und 4 m Breite?

B 4 *Ähnlichkeit*

a) Von einem rechtwinkligen Dreieck ABC ($\gamma = 90°$) kennt man die Länge der beiden Katheten a = 13 cm und b = 5 cm. Berechne die Länge der beiden Katheten eines ähnlichen Dreiecks, wenn man weiß, dass sich die Flächeninhalte wie 1 : 9 verhalten! Gib auch die beiden Flächeninhalte an!

b) Teile die Strecke $\overline{AB} = 84$ mm im Verhältnis 3 : 4!
Miss die einzelnen Teile ab und kontrolliere durch Rechnung!

3. SCHULARBEIT G

B 1

Rechnen mit Termen

a) Berechne und führe eine Probe mit $x = 2$ und $y = 3$ durch!

$$(2x + 3y) \cdot (2x - 3y) + (3x - y)^2 - (x + 5y)^2 =$$

b) Löse die Gleichung und führe eine Probe durch!

$$(x - 2)^2 - 3 \cdot (2x - 3) = (x - 2) \cdot (x + 2) - (x - 8)$$

B 2

Textaufgaben

Die Breite eines Rechtecks ist um 15 cm kürzer als die Länge. Vergrößert man die Breite um 9 cm, so ist der Flächeninhalt des neuen Rechtecks um 162 cm^2 größer als der des ursprünglichen Rechtecks. Berechne Länge und Breite des ursprünglichen Rechtecks!

B 3

Verhältnisse und Proportionen

Kupferoxid besteht aus Kupfer und Sauerstoff in einem Masseverhältnis von 4 : 1.

a) Wie viel g Kupfer und wie viel g Sauerstoff sind in 630 g Kupferoxid enthalten?
b) Wie viel g Sauerstoff verbinden sich mit 236 g Kupfer zu Kupferoxid?
c) Wie viel g Kupfer verbinden sich mit 137 g Sauerstoff zu Kupferoxid?

B 4

Flächenberechnung

Von einem Deltoid ABCD kennt man die Länge der Diagonale $e = 8{,}8$ cm und die Größe der Winkel $\alpha = 68°$ und $\beta = 105°$.

a) Konstruiere das Deltoid! Zeichne auch den Inkreis! Gib die Länge des Inkreisradius an!
b) Berechne den Flächeninhalt!
c) Nenne zwei weitere Vierecke, die einen Inkreis haben!

4. SCHULARBEIT A

B 1

Satz von Pythagoras

Die Giebelfläche einer Hausfront hat die Form eines gleichschenkligen Dreiecks mit der Grundlinie c = 10,8 m und den beiden schrägen Seitenkanten a = 9 m. Diese Wand soll zur Gänze mit rhombenförmigen Platten (Seite a = 40 cm, Höhe h_a = 35 cm) ausgelegt werden. Wie viele dieser Platten benötigt man mindestens, wenn man noch 12 % Verschnitt berücksichtigen muss?

B 2

Satz von Pythagoras

a) Von einem Quadrat ABCD kennt man die Länge der Seite a = 48 mm.
Berechne
(1) die Länge der Diagonale,
(2) den Umfang und den Flächeninhalt,
(3) die Länge des Umkreisradius!

b) Von einem Rechteck kennt man die Längen der Diagonalen d = 130 mm und der Seite b = 50 mm.
Berechne
(1) die Länge der anderen Seite,
(2) den Umfang und den Flächeninhalt!

B 3

Zinsenrechnung

Ein Betrag von 5 000 € wird zu einem vereinbarten Zinssatz von 3 % auf ein Sparbuch gelegt. Nach 2 Jahren werden 1 000 € behoben, der vereinbarte Zinssatz wird auf 2,5 % geändert.
Welcher Guthabenstand befindet nach insgesamt 6 Jahren auf dem Sparbuch?

B 4

Körperberechnungen

Ein Betonpfeiler an einem Gartentor besteht aus einem Quader mit den Abmessungen a = 18 cm, b = 12 cm, h = 150 cm und einer 25 cm hohen Pyramide.

a) Wie viel m^3 Beton werden für einen solchen Quader benötigt?
b) Berechne die Masse eines solchen Pfeilers, wenn der verwendete Beton 2,0 kg/dm^3 Dichte hat.

4. SCHULARBEIT B

B 1 *Verhältnisse, Proportionen*

a) Konstruiere ein rechtwinkliges Dreieck ABC ($\gamma = 90°$) mit $c = 8{,}4$ cm. Die beiden Katheten a und b verhalten sich wie 3 : 4!
b) Wann sind zwei Dreiecke ähnlich?

B 2 *Zinsenrechnung*

Auf einem Sparbuch liegt ein Kapital von 4000 €. Der (effektive) Zinssatz beträgt anfangs 2,5 %. Nach 2 Jahren wird der Zinssatz auf 2 % gesenkt und nach einem weiteren Jahr auf 2,25 % erhöht. Wie hoch ist das verfügbare Kapital nach insgesamt 5 Jahren?

B 3 *Satz von Pythagoras*

Von einem rechtwinkligen Dreieck ABC ($\gamma = 90°$) kennt man den Flächeninhalt $A = 720\ mm^2$ und die Länge der Kathete $a = 45$ mm.
Berechne
a) die Länge der anderen Kathete,
b) die Länge der Hypotenuse,
c) die Höhe des rechtwinkligen Dreiecks!

B 4 *Körperberechnungen*

Ein Schwimmbecken (8 m × 4 m × 1,5 m) wird innen mit einer Folie ausgekleidet.
a) Wie viel m^2 werden benötigt, wenn man noch 10 % für Verschnitt und die Überlappung rechnen muss?
b) Wie lang dauert die Füllung des Beckens, wenn man es bis 10 cm unter den Rand füllt und pro Minute rund 120 l Wasser zufließen?

4. SCHULARBEIT C

B 1

Körperberechnungen

a) Von einer regelmäßigen vierseitigen Pyramide kennt man die Längen der Grundkante a = 9,6 cm und der Seitenkante s = 8,0 cm. Berechne die Oberfläche!

b) Was versteht man unter der Höhe einer Pyramide?

B 2

Satz von Pythagoras

Von einem Quader kennt man die Längen der Seitenkanten a = 8,6 cm, b = 5,4 cm und c = 10,2 cm.

Berechne

a) die Längen aller Flächendiagonalen und die Länge der Raumdiagonale,

b) das Volumen und die Oberfläche des Quaders!

B 3

Prozentrechnung

Claudia will sich eine Stereoanlage kaufen. Sie vergleicht zwei Angebote. Der Listenpreis der Anlage beträgt 424 €. Im Ausverkauf wird im Geschäft A alles um –30 % angeboten. Im Geschäft B wird die Stereoanlage nach einer 20 %-igen Verbilligung nochmals um 10 % günstiger angeboten. Wo soll Claudia kaufen?

B 4

Zinsenrechnung

a) Welches Kapital bringt bei 2,4 % vereinbarter Verzinsung in 320 Tagen ungefähr 97,50 € effektive Zinsen?

b) Wie hoch müsste der vereinbarte Zinssatz sein, damit ein Kapital von 350 € in 8 Monaten 7,50 € effektive Zinsen bringt?

4. SCHULARBEIT D

B 1 *Satz von Pythagoras*

a) Von einem gleichschenkligen Dreieck ABC (a = b) kennt man den Flächeninhalt A = 23,52 cm^2 und die Länge der Basis c = 8,4 cm. Berechne die Länge beider Höhen!

b) Von einem Rechteck ABCD kennt man die Länge a = 68 mm und die Breite b = 51 mm. Wie lang ist der Umkreisradius?

B 2 *Zinsenrechnung*

Herr Adam legt einen Betrag von 2500 € auf ein Sparbuch. Die Bank verzinst den Betrag mit einem vereinbarten Zinssatz von 2,25 %. Nach genau 2 Jahren hebt Herr Adam 800 € ab und nach weiteren 2 Jahren behebt er 900 €. Wie viel € wird er nach insgesamt 5 Jahren beheben?

B 3 *Prozentrechnung*

a) Die Stadt Tulln hatte im Jahre 1991 12038 Einwohner, im Jahre 2001 bereits 13591 Einwohner. Von 2001 bis 2009 ist die Bevölkerung um 6,69 % gestiegen. Berechne
   (1) das prozentuelle Bevölkerungswachstum zwischen 1991 und 2001,
   (2) die Einwohnerzahl Tullns im Jahr 2009,
   (3) das prozentuelle Bevölkerungswachstum zwischen 1991 und 2009!

b) Die Einwohnerzahl des Bezirks Tulln
   1991: 57631
   2001: 64600
   2009: 69479
   Berechne das prozentuelle Bevölkerungswachstum im Bezirk Tulln zwischen 1991 und 2009 und vergleiche mit der Stadt Tulln!

B 4 *Körperberechnungen*

Ein Bleiwürfel von 5 cm Kantenlänge soll in eine regelmäßige vierseitige Pyramide umgegossen werden. Berechne die Pyramidenhöhe, wenn die Grundfläche eine Kantenlänge von 7 cm haben soll und beim Umgießen kein Materialverlust auftritt.

4. SCHULARBEIT E

B 1

Verhältnisse, Proportionen

a) Gegeben ist die Strecke $\overline{AB} = 84$ mm. Teile die Strecke mit Hilfe des Strahlensatzes in 6 gleich lange Teilstücke!

b) Gegeben ist die Strecke $\overline{AB} = 84$ mm. Konstruiere den Teilungspunkt T so, dass $\overline{AT} = \frac{2}{3} \cdot \overline{TB}$ gilt!

B 2

Prozentrechnung, Zinsenrechnung

a) Von einem 160 ha großen Wald werden jährlich 4 % gerodet.
   (1) Wie viel ha muss man nach 10 Jahren wieder anpflanzen, um auf die ursprüngliche Waldfläche zu kommen?
   (2) Nach ungefähr wie vielen Jahren wäre die Waldfläche auf die Hälfte geschrumpft?
   Versuche durch Abschätzen eine Lösung zu finden!

b) Ein Kapital $K_0 = 3\,500$ € wird zu $p_{eff} = 2{,}15\,\%$ verzinst. Berechne das Guthaben nach 8 Jahren!

B 3

Satz von Pythagoras

Von einem rechtwinkligen Dreieck ABC ($\gamma = 90°$) kennt man die Länge der Hypotenuse $c = 11{,}5$ cm und die Länge der Kathete $a = 6{,}9$ cm.
Berechne

a) die Länge der anderen Kathete,
b) den Flächeninhalt,
c) die Höhe des rechtwinkligen Dreiecks!

B 4

Körperberechnungen

Wie groß ist der Rauminhalt der dargestellten Hütte (Maße in Meter)?

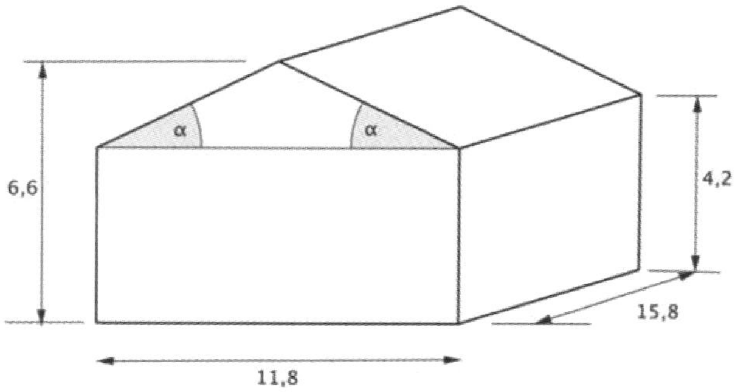

4. SCHULARBEIT F

B 1 *Prozentrechnung*

a) Ein Wäschetrockner kostet inklusive 20 % Mehrwertsteuer 888 €. Wie viel € muss der Händler an das Finanzamt abliefern?

b) Lukas möchte sich von seinem ersparten Taschengeld einen Computer kaufen. Er vergleicht zwei Angebote von verschiedenen Händlern. Der Computer kostet in einem Elektromarkt 390 €, wobei ein Preisnachlass von 3 % angeboten wird. Der gleiche Computer kostet bei einem Fachhändler 380 €, wobei hier bei Barzahlung 2 % Skonto gewährt wird. Welches Angebot ist günstiger?

B 2 *Satz von Pythagoras*

a) Überprüfe rechnerisch, ob das Dreieck ABC mit a = 8,5 cm, b = 20,4 cm, c = 22,1 cm ein rechtwinkliges Dreieck ist!

b) Die Unterkante eines Fensters eines Einfamilienhauses liegt in einer Höhe von 4,5 m. Eine 5 m lange Leiter wird an die Hauswand gelehnt, wobei aus Sicherheitsgründen die Leiter am unteren Ende einen Abstand von 1,20 m haben soll. Reicht die Länge der Leiter aus, um bequem das Fenster (zum Beispiel zum Putzen) erreichen zu können? Was könnte man ändern und wie?

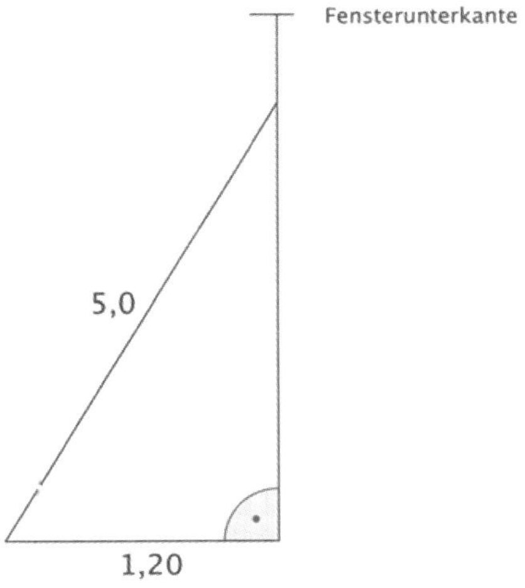

B 3 *Körperberechnung*

Ein Goldbarren (Dichte $\rho = 19{,}3\ g/cm^3$) ist 10 cm lang und hat die Masse von 671,64 g. Sein Querschnitt ist ein gleichschenkliges Trapez.
Berechne

a) den Flächeninhalt des Trapezes,
b) die Höhe des Trapezes, wenn a = 40 mm und c = 18 mm sind.

B 4 *Körperberechnungen*

Eine Fabrik erzeugt deckellose Obstkisten, die 60 cm lang, 40 cm breit und 14 cm hoch sind. Aus einer 3 m langen und 50 cm breiten Holzfaserplatte können zwei Kisten hergestellt werden. Berechne, wie viel % Abfall dabei auftreten! Runde sinnvoll!

4. SCHULARBEIT G

B 1 *Köperberechnungen*

a) Wie groß ist die augenblickliche Tiefe einer Baugrube mit rechteckiger Grundfläche ($a = 10{,}8$ m, $b = 5$ m), wenn bisher 73 m^3 Erde ausgehoben wurden? Wie viel Erdreich ist noch auszuheben, wenn die Tiefe 3,2 m betragen soll?

b) Wie dick ist ein 15 dm langes und 8 dm breites Stahlblech (Dichte $\rho = 7{,}8$ kg/dm^3) dessen Masse 56 kg beträgt?

B 2 *Satz von Pythagoras*

Von einem gleichschenkligen Dreieck ABC ($a = b$) kennt man die Basis $c = 48{,}6$ cm und die Schenkellänge $a = 40{,}5$ cm. Berechne

a) die Länge der Höhe h_c,

b) den Umfang und den Flächeninhalt des Dreiecks!

B 3 *Prozentrechnung, Zinsenrechnung*

a) Im Jahr 2000 lebten in Afrika 784 Millionen Menschen. Die jährliche Zuwachsrate für Afrika wird mit 2,8 % angegeben. Berechne, wie viele Menschen im Jahr 2010 und im Jahr 2020 in Afrika leben.

b) Wie viel € betrug ein Kapital, das zu einem vereinbarten Zinssatz von 4 % angelegt wurde und nach 2 Jahren den Guthabenstand von 2 518,79 € erreicht hat?

B 4 *Verhältnisse, Proportionen*

Konstruiere das Dreieck ABC ($a = 45$ mm, $c = 63$ mm, $\beta = 50°$) und vergrößere es im Verhältnis 3 : 4! Kontrolliere c_1 durch Abmessen und Berechnen!

Schluss mit Problemen in Mathematik

3. Klasse HS/AHS/NMS

ISBN 978-3-7074-0767-9

Aufsteigen in Mathematik 3
Gleichungen, Rechnen mit Variablen, positive und negative Zahlen, statistische Auswertungen und alle anderen Themen der Mathematik der 3. Klasse HS/AHS/NMS.

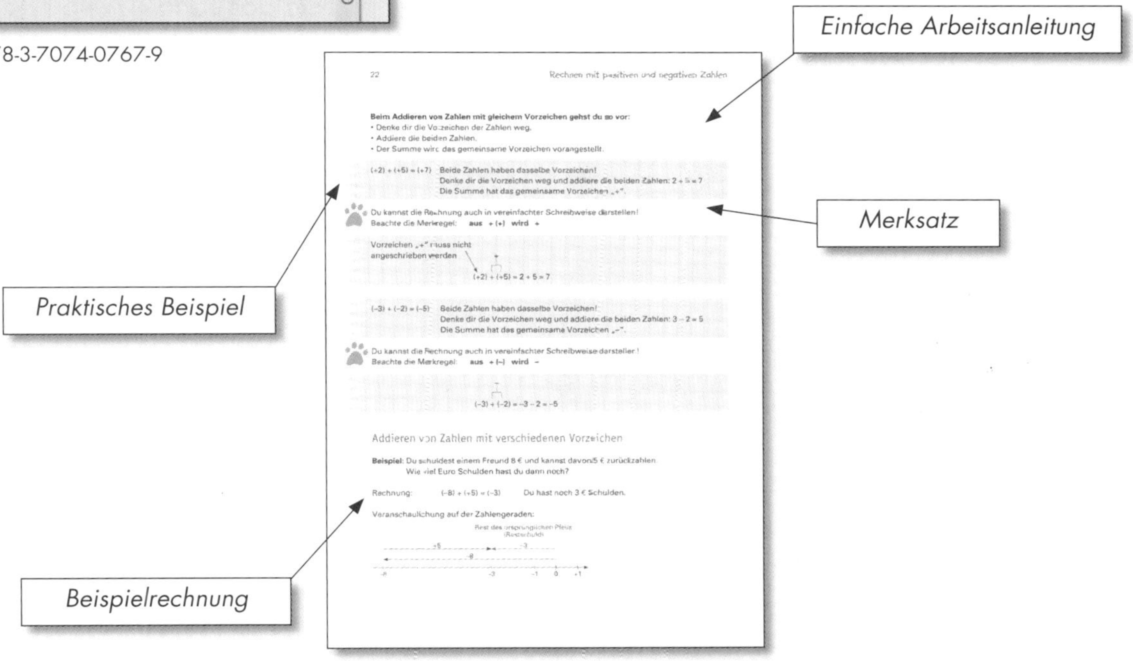

Mit Aufsteigen kann man schon am Anfang des Schuljahres zu üben beginnen oder auch erst später einsteigen, wenn es ums „Überleben“ geht. Aufsteigen ist natürlich auch für die Vorbereitung auf die Wiederholungsprüfung bestens geeignet.

www.ggverlag.at

G&G

3. Klasse HS/AHS/NMS

Aufsteigen in Englisch 3
Alle Themen des Lehrplans der 3. Klasse, unter anderem Modal verbs, Conditional 1 und 2, Reported speech, Prepositions. Mit einer praktischen Tabelle zu den Irregualar verbs!

ISBN 978-3-7074-0525-5

ISBN 978-3-7074-0530-9

Aufsteigen in Deutsch – Rechtschreiben 3
Die Schwerpunkte in diesem Band sind Groß- und Kleinschreibung, Getrennt- und Zusammenschreibung und Beistrich-setzung. Anhand von Lückentexten, Kreuz-worträtseln, Wörterschlangen oder Texten, die das Kind richtigstellen muss, wird das erlernte Wissen abwechslungsreich trainiert.

Aufsteigen in Deutsch – Grammatik 3
Im Kapitel Wortlehre werden Verbarten, die Zeitformen des Verbs, die verschiedenen Pronomen und deren Verwendung, Adjektiv und Adverb anhand zahlreicher Beispiele anschaulich erklärt und in leicht überschaubaren Übersichten zusammengefasst. Nach rund 100 unterschiedlichsten Übungen können SchülerInnen das erworbene Wissen im sechsseitigen Schlusstest überprüfen. Der zweite Teil ist der Satzlehre gewidmet.

ISBN 978-3-7074-0531-6

www.ggverlag.at

B 3

Textaufgaben, Herausheben

a)

	Breite	Länge	Flächeninhalt
1. Rechteck	x	$x + 12$	$x \cdot (x + 12)$
2. Rechteck	$x - 2$	$x + 12$	$(x - 2) \cdot (x + 12)$

$$x \cdot (x + 12) = (x - 2) \cdot (x + 12) + 36$$
$$x^2 + 12x = x^2 - 2x + 12x - 24 + 36$$
$$x^2 + 12x = x^2 + 10x + 12 \quad | - x^2$$
$$12x = 10x + 12 \quad | - 10x$$
$$2x = 12$$
$$x = 6$$

1. Rechteck: $a = 18$ cm, $b = 6$ cm; Flächeninhalt 108 cm²

2. Rechteck: $a = 18$ cm, $b = 4$ cm; Flächeninhalt 72 cm²

$108 - 72 = 36$ w. A.

Das ursprüngliche Rechteck ist 18 cm lang und 6 cm breit.

b) (1) $3ax - 2bx + 3ay - 2by =$
$= x \cdot (3a - 2b) + y \cdot (3a - 2b) =$
$= (3a - 2b) \cdot (x + y)$

(2) $4a \cdot (2x - y) - (2x - y) =$
$= (2x - y) \cdot (4a - 1)$

B 4

Flächenberechnung

$A_1 = \frac{1}{2} \cdot a \cdot b$

$A_1 = \frac{1}{2} \cdot 54 \cdot 41$

$A_1 = 1\,107 \text{ mm}^2$

$A_2 = \frac{1}{2} \cdot c \cdot h_c$

$A_2 = \frac{1}{2} \cdot 68 \cdot 33$

$A_2 = 1\,122 \text{ mm}^2$

$A = \frac{1}{2} \cdot (A_1 + A_2)$

$A = \frac{1}{2} (1\,107 + 1\,122)$

$A = \frac{1}{2} \cdot 2\,229$

$A = 1\,114{,}5 \approx 1\,115 \text{ mm}^2$

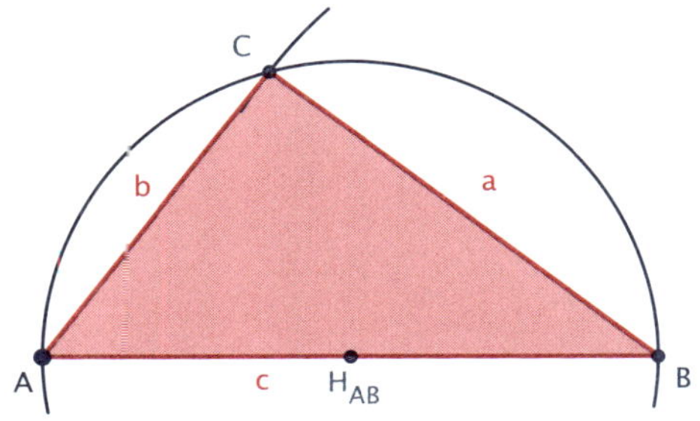

3. Schularbeit C

B 1

Rechnen mit Potenzen

a) (1) Zwei Potenzen derselben Basis werden dividiert, indem man die Hochzahlen subtrahiert. $a^r : a^s = a^{r-s}$

(2) Ein Produkt wird potenziert, indem man jeden Faktor potenziert. $(a \cdot b)^n = a^n \cdot b^n$

b) (1) $a^r \cdot a^s = a^{r+s}$ Zwei Potenzen derselben Basis werden multipliziert, indem man die Hochzahlen addiert.

(2) $\left(\frac{a}{b}\right)^n = \frac{a^n}{b^n}$ Ein Quotient wird potenziert, indem man Zähler und Nenner potenziert.

c) $(-24x^4y^5z^3) : (-6x^3y^4z) = 4xyz^2$

d) $(-20a^2b^5) : (5a^2b^3) = -4b^2$

T_A: $[-20 \cdot (-2)^2 \cdot 3^5] : [5 \cdot (-2)^2 \cdot 3^3] =$
$= [-20 \cdot 4 \cdot 243] : [5 \cdot 4 \cdot 27] =$
$= (-80 \cdot 243) : (20 \cdot 27) =$
$= -19\,440 : 540 = -36$

T_E: $-4 \cdot 3^2 =$
$= -4 \cdot 9 = -36$

$T_A = T_E$ w. A.

B 2

Gleichungen

$$(z+7)^2 - (z+6)^2 = (z+3)^2 - (z+4)^2$$
$$z^2 + 14z + 49 - (z^2 + 12z + 36) = z^2 + 6z + 9 - (z^2 + 8z + 16)$$
$$z^2 + 14z + 49 - z^2 - 12z - 36 = z^2 + 6z + 9 - z^2 - 8z - 16$$
$$2z + 13 = -2z - 7 \quad | +2z$$
$$4z + 13 = -7 \quad | -13$$
$$4z = -20$$
$$z = -5 \qquad L = \{-5\}$$

Probe:

$T_1(-5) = (-5+7)^2 - (-5+6)^2 =$
$= 2^2 - 1^2 =$
$= 4 - 1 = 3$

$T_2(-5) = (-5+3)^2 - (-5+4)^2 =$
$= (-2)^2 - (-1)^2 =$
$= 4 - 1 = 3$

$T_1(-5) = T_2(-5)$ w. A.

B 3

Textaufgaben

a)

	Zeit in min	Geschwindigkeit in km/h	
	24	12	
: 24	18	x	· 24
	1	12 · 24	
· 18	18	$\frac{12 \cdot 24}{18}$	: 18

$x = \frac{12 \cdot 24}{18} = \frac{2 \cdot 24}{3} = 2 \cdot 8$

$x = 16$

Der Radfahrer müsste mit einer Geschwindigkeit von 16 km/h fahren.

b) Berechnung der Jahresprämie

$G = 46\,700$ €

$p = 1{,}03\,\%$

$A = ?$

$A = G \cdot \frac{p}{100}$

$A = 46\,700 \cdot \frac{1{,}03}{100} = 46\,700 \cdot 0{,}0103$

$A = 481{,}01$ €

Berechnung der Versicherungssteuer

$G = 481{,}01$ €

$p = 11\,\%$

$A = ?$

$A = G \cdot \frac{p}{100}$

$A = 481{,}01 \cdot \frac{11}{100} = 481{,}01 \cdot 0{,}11$

$A = 52{,}9111$

$A = 52{,}91$ €

Versicherung insgesamt:

$481{,}01 + 52{,}91 = 533{,}92$

Der Bauer muss 533,92 € für die Versicherung bezahlen.

B 4

Flächenberechnung

$A = \frac{1}{2} \cdot (a + c) \cdot h \qquad | \cdot 2$

$2A = (a + c) \cdot h \qquad | : (a + c)$

$h = \frac{2A}{a + c}$

$h = \frac{2 \cdot 5328}{92 + 56}$

$h = 72$ mm

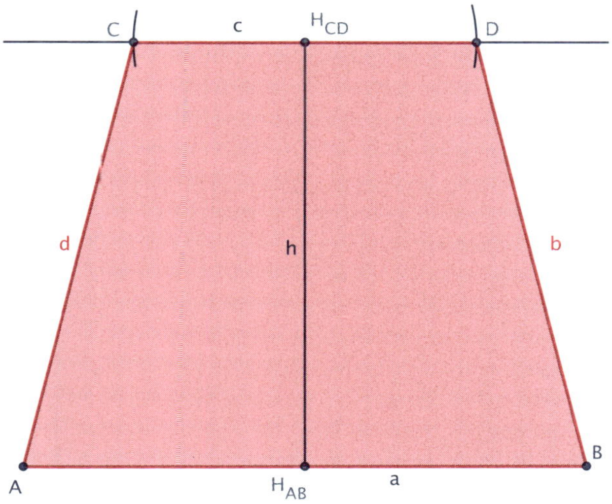

3. Schularbeit D

B 1

Rechnen mit Termen

a) $18x^3y^2 + 24x^2y^2 - 6x^2y^3 = 6x^2y^2 \cdot (3x + 4 - y)$

b) $(3a + 2b)^2 + 2 \cdot (2a - b) \cdot (2a + b) - (2a - 3b)^2 =$
$= 9a^2 + 12ab + 4b^2 + 2 \cdot (4a^2 - b^2) - (4a^2 - 12ab + 9b^2) =$
$= 9a^2 + 12ab + 4b^2 + 8a^2 - 2b^2 - 4a^2 + 12ab - 9b^2 =$
$= 13a^2 + 24ab - 7b^2$

Probe:

T_A: $(3 \cdot 2 + 2 \cdot 3^2) + 2 \cdot (2 \cdot 2 - 3) \cdot (2 \cdot 2 + 3) - (2 \cdot 2 - 3 \cdot 3)^2 =$
$= 12^2 + 2 \cdot 1 \cdot 7 - (-5)^2 =$
$= 144 + 14 - 25 =$
$= 158 - 25 = 133$

T_E: $13 \cdot 2^2 + 24 \cdot 2 \cdot 3 - 7 \cdot 3^2 =$
$= 13 \cdot 4 + 48 \cdot 3 - 7 \cdot 9 =$
$= 52 + 144 - 63 =$
$= 196 - 63 = 133$ $\quad T_A = T_E \quad$ w. A.

B 2

Verhältnisse und Proportionen

a)

$a = 5k$	$a + b + c = u$	$a = 5 \cdot 12 = 60$
$b = 3k$	$5k + 3k + 4k = 144$	$b = 3 \cdot 12 = 36$
$c = 4k$	$12k = 144$	$c = 4 \cdot 12 = 48$
	$k = 12$	Probe: 144 w. A.

Die Seiten des Dreiecks sind 60 cm, 36 cm und 48 cm lang.

b) Berechnung der Versicherungsprämie

$G = 22\,850$ € $\qquad A = G \cdot \frac{p}{100}$
$p = 6{,}8\,\%$ $\qquad A = 22\,850 \cdot \frac{6{,}8}{100} =$
$A = ?$ $\qquad A = 22\,850 \cdot 0{,}068$
$A = 1\,553{,}8$ €

Berechnung der Versicherungssteuer

$G = 1553{,}80$ € $\qquad A = G \cdot \frac{p}{100}$
$p = 11\,\%$ $\qquad A = 1\,553{,}80 \cdot \frac{11}{100}$
$A = ?$ $\qquad A = 1\,153{,}80 \cdot 0{,}11$
$A = 170{,}918$
$A = 170{,}92$ €

Versicherungen
$1\,553{,}80 + 170{,}92 = 1\,724{,}72$

Frau Klima muss an Versicherungen 1 724,72 € bezahlen.

B 3

Binomische Formeln, Gleichungen

a) (1) $(3x - 2y)^2 = 9x^2 - 12xy + 4y^2$
(2) $16a^2 + 24ab + 9b^2 = (4a + 3b)^2$

b) $4 \cdot (y - 2) + 3 \cdot (3 - 4y) = 2 \cdot (2 - y)$

$$4y - 8 + 9 - 12y = 4 - 2y$$
$$-8y + 1 = 4 - 2y \qquad | + 2y - 1$$
$$-6y = 3 \qquad | : (-6)$$
$$y = -\frac{3}{6} = -\frac{1}{2} = -0{,}5 \qquad L = \{-0{,}5\}$$

Probe:

$T_1(-0{,}5) = 4 \cdot (-0{,}5 - 2) + 3 \cdot [3 - 4 \cdot (-0{,}5)] =$
$= 4 \cdot (-2{,}5) + 3 \cdot (3 + 2) =$
$= -10 + 15 = 5$
$T_2(-0{,}5) = 2 \cdot [2 - (-0{,}5)] =$
$= 2 \cdot 2{,}5 = 5 \qquad T_1(-0{,}5) = T_2(-0{,}5)$ w. A.

B 4

Flächenberechnung

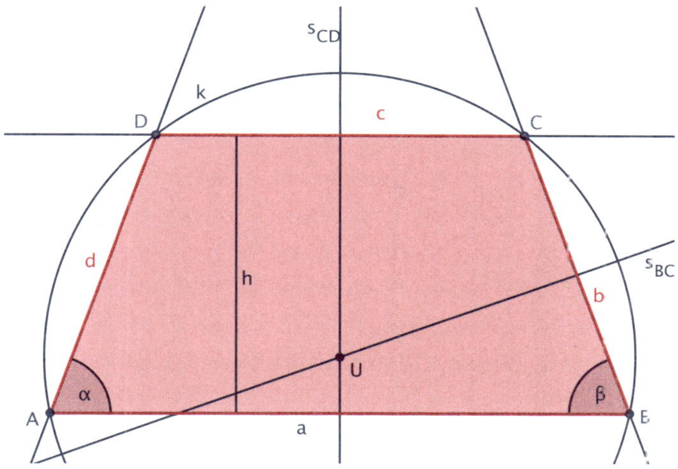

$a = 9{,}6$ cm
$h = 4{,}8$ cm
$c = 6{,}1$ cm
$A = \frac{1}{2} \cdot (a + c) \cdot h$
$A = \frac{1}{2} \cdot (9{,}6 + 6{,}1) \cdot 4{,}8$
$A = 37{,}68\ cm^2$

b) Quadrat, Rechteck

3. Schularbeit E

B 1

Rechnen mit Termen

$4xy - [3x^2 + (2x - 3y)^2 - (x - 2y) \cdot (3x - 4y) - y^2] =$
$= 4xy - [3x^2 + (4x^2 - 12xy + 9y^2) - (3x^2 - 6xy - 4xy + 8y^2) - y^2] =$
$= 4xy - [3x^2 + 4x^2 - 12xy + 9y^2 - 3x^2 + 6xy + 4xy - 8y^2 - y^2] =$
$= 4xy - [4x^2 - 2xy] =$
$= 4xy - 4x^2 + 2xy =$
$= 6xy - 4x^2$

Probe:

T_A: $4 \cdot 3 \cdot 1 - [3 \cdot 3^2 + (2 \cdot 3 - 3 \cdot 1)^2 - (3 - 2 \cdot 1) \cdot (3 \cdot 3 - 4 \cdot 1) - 1^2] =$
$= 12 - [27 + 3^2 - 1 \cdot 5 - 1] =$
$= 12 - [27 + 9 - 5 - 1] =$
$= 12 - 30 = -18$

T_E: $6 \cdot 3 \cdot 1 - 4 \cdot 3^2 =$
$= 18 - 36 = -18$ $\qquad T_A = T_E$ $\qquad$ w. A.

B 2

Rechnen mit Termen

$(2u - 4v + 3w)^2 = 4u^2 + 16v^2 + 9w^2 - 16uv + 12uw - 24vw$

Probe:

T_A: $(2 \cdot 1 - 4 \cdot 3 + 3 \cdot 2)^2 =$
$= (2 - 12 + 6)^2 =$
$= (-4)^2 = 16$

T_E: $4 \cdot 1^2 + 16 \cdot 3^2 + 9 \cdot 2^2 - 16 \cdot 1 \cdot 3 + 12 \cdot 1 \cdot 2 - 24 \cdot 3 \cdot 2 =$
$= 4 \cdot 1 + 16 \cdot 9 + 9 \cdot 4 - 16 \cdot 1 \cdot 3 + 12 \cdot 1 \cdot 2 - 24 \cdot 3 \cdot 2 =$
$= 4 + 144 + 36 - 48 + 24 - 144 =$
$= 64 - 48 = 16$ $\qquad T_A = T_E$ $\qquad$ w. A.

b) $(2a - 3b) \cdot (2y - x) - (2x - 3y) \cdot (2a - 3b) =$
$= (2a - 3b) \cdot [(2y - x) - (2x - 3y)] =$
$= (2a - 3b) \cdot [2y - x - 2x + 3y] =$
$= (2a - 3b) \cdot (5y - 3x)$

c) (1) $\frac{2x^3y + x^2y^2}{8x^2 + 4xy} = \frac{x^2y \cdot (2x + y)}{4x \cdot (2x + y)} = \frac{xy}{4}$

(2) $\frac{3a^5 + 6a^2}{6a^2 - 9a^3} = \frac{3a^2 \cdot (a^3 + 2)}{3a^2 \cdot (2 - 3a)} = \frac{a^3 + 2}{2 - 3a}$

B 3

Textaufgaben

a)

	Z	E	Wert der Zahl	Probe
1. Zahl	8	x	80 + x	83
2. Zahl	x	8	10x + 8	38

$83 - 38 = 45$ w. A.

$$80 + x - 45 = 10x + 8$$
$$x + 35 = 10x + 8 \quad | -10x - 35$$
$$-9x = -27$$
$$x = 3$$

Die ursprüngliche Zahl ist 83.

b) $2a + 2b = u$

$$2a + 2b = 48$$
$$a + b = 24$$
$$b = 24 - a$$

	Länge	Breite	Flächeninhalt
1. Rechteck	a	24 – a	a · (24 – a)
2. Rechteck	a – 4	26 – a	(a – 4) · (26 – a)

$$a \cdot (24 - a) + 10 = (a - 4) \cdot (26 - a)$$
$$24a - a^2 + 10 = 26a - 104 - a^2 + 4a$$
$$24a + 10 = 30a - 104 \quad | -30a - 10$$
$$-6a = -114$$
$$a = 19$$

Probe:

1. Rechteck:
   $a = 19$ cm
   $b = 5$ cm
   $A = 95$ cm^2

2. Rechteck
   $a = 15$ cm
   $b = 7$ cm
   $A = 105$ cm^2 $\quad 105\text{ cm}^2 - 95\text{ cm}^2 = 10\text{ cm}^2$

Die Rechteckseiten sind 19 cm und 5 cm bzw. 15 cm und 7 cm lang.

B 4

Flächenberechnung

Hauswand:

$A = \frac{1}{2} \cdot (a + c) \cdot h$

$A = \frac{1}{2} \cdot (26 + 18{,}5) \cdot 12$

$A = 267\ m^2$

$A = 2\,670\,000\ cm^2$

Eternitplatte

$A = \frac{1}{2} \cdot e \cdot f$

$A = \frac{1}{2} \cdot 30 \cdot 20$

$A = 300\ cm^2$

a) Anzahl der Platten:

$2\,670\,000 : 300 = 8\,900$

Man braucht mindestens 8900 Platten.

b) Verschnitt: +10 %

$G = 8\,900$	$A = G \cdot \frac{p}{100}$
$p = 110\,\%$	$A = 8\,900 \cdot \frac{110}{100}$
$A = ?$	$A = 8\,900 \cdot 1{,}1$
	$A = 9\,790$

Mit Verschnitt benötigt man 9790 Platten.

Preis:

$9\,790 \cdot 1{,}50 = 14\,685$

Die Materialkosten betragen 14685 €.

3. Schularbeit F

B 1

Rechnen mit Termen

a) (1) $(3a - 4)^2 = 9a^2 - 24a + 16$

(2) $(3x + 2y)^2 = 9x^2 + 12xy + 4y^2$

b) $(3x - 2)^2 + (x + 4) \cdot (x - 4) - (2x - 3)^2 =$

$= 9x^2 - 12x + 4 + x^2 - 16 - (4x^2 - 12x + 9) =$

$= 9x^2 - 12x + 4 + x^2 - 16 - 4x^2 + 12x - 9 =$

$= 6x^2 - 21$

Probe:

T_A: $(3 \cdot 2 - 2)^2 + (2 + 4) \cdot (2 - 4) - (2 \cdot 2 - 3)^2 =$

$= 4^2 + 6 \cdot (-2) - 1^2 =$

$= 16 - 12 - 1 = 3$

T_E: $6 \cdot 2^2 - 21 =$

$= 6 \cdot 4 - 21 = 3$

$T_A = T_E$ w. A.

B 2

Rechnen mit Termen

(1) $20rs - 5r = 5r \cdot (4s - 1)$ (2) $x^2 + x = x \cdot (x + 1)$ (3) $a^2b - ab^2 = ab \cdot (a - b)$

(4) $(2x - y) \cdot (a + 2b) + (2x - y) \cdot (3a - b) =$
$= (2x - y) \cdot [(a + 2b) + (3a - b)] =$
$= (2x - y) \cdot (a + 2b + 3a - b) =$
$= (2x - y) \cdot (4a + b)$

(5) $3ax + 5by - 5ay - 3bx =$
$= 3x \cdot (a - b) + 5y \cdot (b - a) =$
$= 3x \cdot (a - b) + 5y \cdot (-1) \cdot (a - b) =$
$= 3x \cdot (a - b) - 5y \cdot (a - b) =$
$= (a - b) \cdot (3x - 5y)$

B 3

Textaufgaben

a) Gemeinde A: 4k
Gemeinde B: 3k
Gemeinde C: 6k

$4k + 3k + 6k = 3\,250\,000$
$13k = 3\,250\,000$
$k = 250\,000$

Gemeinde A: $4 \cdot 250\,000 = 1\,000\,000$ €
Gemeinde B: $3 \cdot 250\,000 = 750\,000$ €
Gemeinde C: $6 \cdot 250\,000 = 1\,500\,000$ €
Probe: $3\,250\,000$ € w. A.

b)
15 m² .... 240 Fliesen
34 m² .... x Fliesen

: 15 → 1 m² .... $\frac{240}{15}$ Fliesen ← : 15
· 34 → 34 m² .... $\frac{240}{15} \cdot 34$ Fliesen ← · 34

$x = \frac{240}{15} \cdot 34 = 544$

Zum Belegen von 34 m² Fläche braucht man 544 Fliesen.

B 4

Ähnlichkeit

a) Da sich die Flächeninhalte wie 1 : 9 verhalten, verhalten sich die Seiten wie 1 : 3.

$a = 13$ cm $a_1 = 13 \cdot 3 = 39$ cm
$b = 5$ cm $b_1 = 5 \cdot 3 = 15$ cm
$A = \frac{1}{2} \cdot a \cdot b$
$A = \frac{1}{2} \cdot 13 \cdot 5$ $A_1 = \frac{1}{2} \cdot 39 \cdot 15$
$A = 32{,}5\ cm^2$ $A_1 = 292{,}5\ cm^2$

B 4

b)

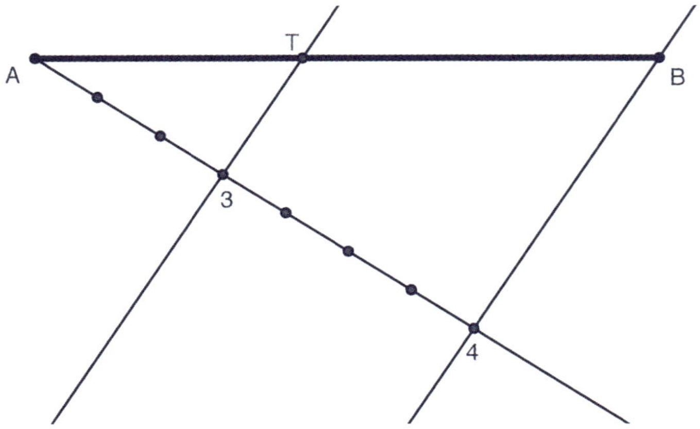

Messung: 3 Teile: 36 mm
4 Teile: 48 mm

Rechnung: 84 : 7 = 12
12 · 3 = 36 mm
12 · 4 = 48 mm

3. Schularbeit G

B 1

Rechnen mit Termen

a) $(2x + 3y) \cdot (2x - 3y) + (3x - y)^2 - (x + 5y)^2 =$
$= (4x^2 - 9y^2) + (9x^2 - 6xy + y^2) - (x^2 + 10xy + 25y^2) =$
$= 4x^2 - 9y^2 + 9x^2 - 6xy + y^2 - x^2 - 10xy - 25y^2 =$
$= 12x^2 - 16xy - 33y^2$

Probe:

T_A: $(2 \cdot 2 + 3 \cdot 3) \cdot (2 \cdot 2 - 3 \cdot 3) + (3 \cdot 2 - 3)^2 - (2 + 5 \cdot 3)^2 =$
$= 13 \cdot (-5) + 3^2 - 17^2 =$
$= -65 + 9 - 289 =$
$= -56 - 289 = -345$

T_E: $12 \cdot 2^2 - 16 \cdot 2 \cdot 3 - 33 \cdot 3^2 =$
$= 12 \cdot 4 - 16 \cdot 6 - 33 \cdot 9 =$
$= 48 - 96 - 297 =$
$= -48 - 297 = -345$ $T_A = T_E$ w. A.

b) $(x - 2)^2 - 3 \cdot (2x - 3) = (x - 2) \cdot (x + 2) - (x - 8)$
$x^2 - 4x + 4 - 6x + 9 = x^2 - 4 - x + 8$ $\quad | - x^2$
$-10x + 13 = 4 - x$ $\quad | - 13 + x$
$-9x = -9$
$x = 1$

Probe:

$T_1(1) = (1 - 2)^2 - 3 \cdot (2 \cdot 1 - 3) =$
$= (-1)^2 - 3 \cdot (-1) =$
$= 1 + 3 = 4$

$T_2(1) = (1 - 2) \cdot (1 + 2) - (1 - 8) =$
$= (-1) \cdot 3 - (-7) =$
$= -3 + 7 = 4$ $T_1(1) = T_2(1)$ w. A.

B 2

Textaufgaben

	Länge	Breite	Flächeninhalt
1. Rechteck	x	$x - 15$	$x \cdot (x - 15)$
2. Rechteck	x	$x - 6$	$x \cdot (x - 6)$

$$x \cdot (x - 15) + 162 = x \cdot (x - 6)$$
$$x^2 - 15x + 162 = x^2 - 6x \qquad | - x^2$$
$$-15x + 162 = - 6x$$
$$162 = 9x$$
$$9x = 162 \qquad | : 9$$
$$x = 18$$

Das ursprüngliche Rechteck ist 18 cm lang und 3 cm breit.

Probe:
1. Rechteck: $a = 18$, $b = 3$ $\quad A = 54$
2. Rechteck: $a = 18$, $b = 12$ $\quad A = 216$ $\quad 216 - 54 = 162$ $\quad$ w. A.

B 3

Verhältnisse und Proportionen

a) $4t + 1t = 630$
$5t = 630$
$t = 126$

Kupfer: $4 \cdot t = 4 \cdot 126 = 504$ g
Sauerstoff: $1 \cdot t =$ 126 g
Probe: 630 g $\quad$ w. A.

Es sind 504 g Kupfer und 126 g Sauerstoff in 630 g Kupferoxid enthalten.

b) $4 : 1 = 236 : x$
$4x = 236$
$x = 59$

Es verbinden sich 59 g Sauerstoff mit 236 g Kupfer zu Kupferoxid.

c) $4 : 1 = x : 137$
$x = 4 \cdot 137$
$x = 548$

Es verbinden sich 548 g Kupfer mit 137 g Sauerstoff zu Kupferoxid.

B 4

Flächenberechnung

a)

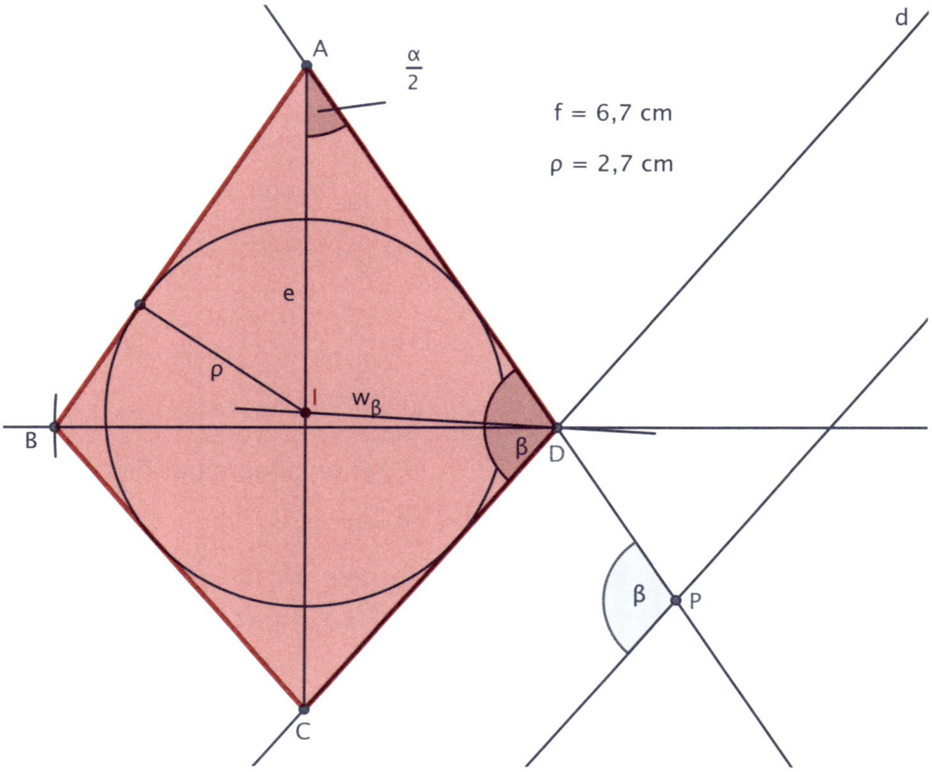

b) $A = \frac{1}{2} \cdot e \cdot f$

$A = \frac{1}{2} \cdot 8{,}8 \cdot 6{,}7$

$A = 29{,}48\ cm^2$

c) Quadrat, Rhombus

4. Schularbeit A

B 1

Satz von Pythagoras

Höhe des Giebeldreiecks:

$h_c^2 = a^2 - \left(\frac{c}{2}\right)^2$

$h_c^2 = 9^2 - \left(\frac{10,8}{2}\right)^2$

$h_c^2 = 51,48 \quad |\sqrt{\ }$

$h_c = 7,2$

Skizze:

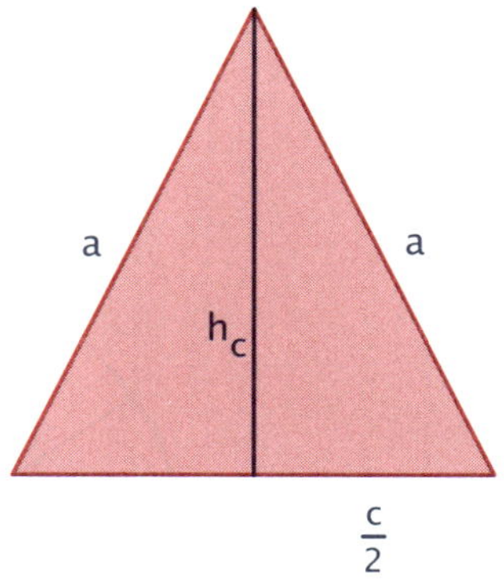

Flächeninhalt:

$A = \frac{1}{2} \cdot c \cdot h_c$

$A = \frac{1}{2} \cdot 10,8 \cdot 7,2$

$A = 38,88\ m^2$

$A = 388\,800\ cm^2$

Flächeninhalt einer Platte:

$A = a \cdot h_a$

$A = 40 \cdot 35$

$A = 1\,400\ cm^2$

Anzahl der Platten:
$388\,\underline{8}00 : 1\,400 = 277,7.. \approx 278$

Verschnitt + 12 %
$278 \cdot 1,12 = 311,36$

Man braucht mindestens 312 Platten.

B 2

Satz von Pythagoras

a) (1) $d = a \cdot \sqrt{2}$
$d = 48 \cdot \sqrt{2}$
$d = 67,8..$
$d = 68$ mm

(2) $u = 4 \cdot a$
$u = 4 \cdot 48$
$u = 192$ mm

$A = a^2$
$A = 48^2$
$A = 2\,304\ mm^2$

(3) $r = \frac{1}{2} \cdot d$
$r = 34$ mm

b) (1) $a^2 + b^2 = d^2$
$a^2 = d^2 - b^2$
$a^2 = 130^2 - 50^2$
$a^2 = 14\,400 \quad |\sqrt{\ }$
$a = 120$ mm

(2) $u = 2a + 2b$
$u = 2 \cdot 120 + 2 \cdot 50$
$u = 340$ mm

$A = a \cdot b$
$A = 120 \cdot 50$
$A = 6\,000\ mm^2$

B 3

Zinsenrechnung

$p = 3\,\% \rightarrow p_{eff} = 3 \cdot 0{,}75$

$p_{eff} = 2{,}25\,\%$

$K_0 = 5\,000$

$K_1 = K_0 \cdot \left(1 + \frac{p_{eff}}{100}\right)$

$K_1 = 5\,000 \cdot \left(1 + \frac{2{,}25}{100}\right) = 5\,112{,}5$

$K_2 = K_1 \cdot \left(1 + \frac{p_{eff}}{100}\right)$

$K_2 = 5\,112{,}5 \cdot \left(1 + \frac{2{,}25}{100}\right) = 5\,227{,}531.. = 5\,227{,}53$

$K_2 - 1\,000 = 4\,227{,}53$ $p = 2{,}5\,\%$ $p_{eff} = 2{,}5 \cdot 0{,}75$

$p_{eff} = 1{,}875\,\%$

$K_3 = K_2 \cdot \left(1 + \frac{p_{eff}}{100}\right)$

$K_3 = 4\,227{,}53 \cdot \left(1 + \frac{1{,}875}{100}\right) = 4\,306{,}796..$

$K_4 = 4\,306{,}796.. \cdot \left(1 + \frac{1{,}875}{100}\right) = 4\,387{,}548..$

$K_5 = 4\,387{,}548.. \cdot \left(1 + \frac{1{,}875}{100}\right) = 4\,469{,}815..$

$K_6 = 4\,469{,}815.. \cdot \left(1 + \frac{1{,}875}{100}\right) = 4\,553{,}624.. = 4\,553{,}62$

Nach insgesamt 6 Jahren befinden sich 4553,62 € auf dem Sparbuch.

B 4

Körperberechnungen

a) Quader

$V_1 = a \cdot b \cdot c$

$V_1 = 18 \cdot 12 \cdot 150$

$V_1 = 32\,400\ cm^3$

Pyramide

$V_2 = \frac{1}{3} \cdot a \cdot b \cdot c$

$V_2 = \frac{1}{3} \cdot 18 \cdot 12 \cdot 25$

$V_2 = 1\,800\ cm^3$

$V = V_1 + V_2$

$V = 34\,200\ cm^3$

$V = 0{,}0342\ m^3$

Man braucht $0{,}0342\ m^3$ Beton.

b) $34\,200\ cm^3 = 34{,}2\ dm^3$ $34{,}2 \cdot 2 = 68{,}4\ kg$

Die Masse dieses Pfeilers beträgt 68,4 kg.

4. Schularbeit B

B 1

Verhältnisse, Proportionen

a)

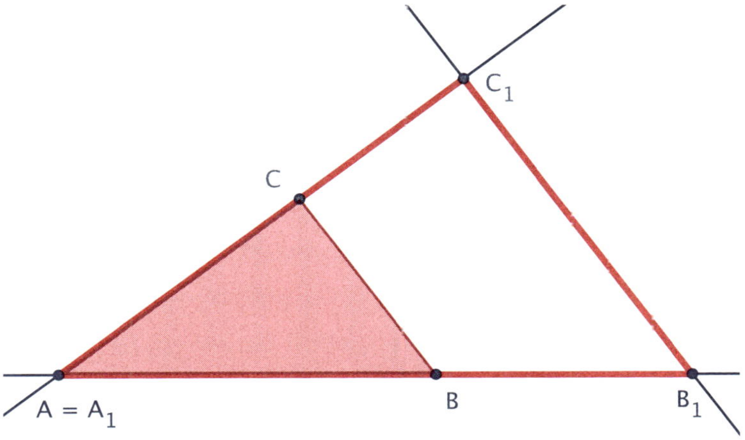

b) Dreiecke sind ähnlich, wenn sie in den Winkeln übereinstimmen.

B 2

Zinsenrechnung

$K_0 = 4000$ € $\quad p_{eff} = 2{,}5\,\%$

$K_1 = K_0 \cdot \left(1 + \frac{p_{eff}}{100}\right)$

$K_1 = 4000 \cdot \left(1 + \frac{2{,}5}{100}\right) = 4100$

$K_2 = 4100 \cdot \left(1 + \frac{2{,}5}{100}\right) = 4202{,}5$

$K_3 = 4202{,}5 \cdot \left(1 + \frac{2}{100}\right) = 4286{,}55 \quad p_{eff} = 2\,\%$

$K_4 = 4286{,}55 \cdot \left(1 + \frac{2{,}25}{100}\right) = 4382{,}99.. \quad p_{eff} = 2{,}25\,\%$

$K_5 = 4382{,}99.. \cdot \left(1 + \frac{2{,}25}{100}\right) = 4481{,}614.. = 4481{,}61$

Nach insgesamt 5 Jahren verfügt man über ein Kapital von 4481,61 €.

B 3

Satz von Pythagoras

a) $A = \frac{1}{2} \cdot a \cdot b \quad | \cdot 2$

$2A = a \cdot b$

$b = \frac{2 \cdot A}{a}$

$b = \frac{2 \cdot 720}{45}$

$b = 32$ mm

b) $c^2 = a^2 + b^2$

$c^2 = 45^2 + 32^2$

$c^2 = 3049 \quad | \sqrt{\ }$

$c = 55{,}21..$

$c = 55$ mm

c) $A = \frac{1}{2} \cdot c \cdot h_c \quad h_c = h$

$A = \frac{1}{2} \cdot c \cdot h \quad | \cdot 2$

$2A = c \cdot h$

$h = \frac{2 \cdot A}{c}$

$h = \frac{2 \cdot 720}{55{,}21}$

$h = 26{,}08.. = 26$ mm

B 4

Körperberechnungen

a) $8 \cdot 4 + 2 \cdot 8 \cdot 1{,}5 + 2 \cdot 4 \cdot 1{,}5 =$
$= 32 + 24 + 12 = 68\ m^2$

Verschnitt + 10 %
$68 \cdot 1{,}1 = 74{,}8\ m^2$

b) $V = a \cdot b \cdot c$
$V = 8 \cdot 4 \cdot 1{,}4$
$V = 44{,}8\ m^3$

$V = 44{,}8\ m^3 = 44\,800\ dm^3 = 44\,800\ l$
$44\,800 : 120 = 373\frac{1}{3}$
$373 : 60 = 6$
13 R

Die Füllung des Beckens dauert 6 Stunden 13 Minuten.

4. Schularbeit C

B 1

Körperberechnungen

a) $O = a^2 + 2 \cdot a \cdot h_1$

$h_1^2 = s^2 - \left(\frac{a}{2}\right)^2$
$h_1^2 = 8^2 - 4{,}8^2$
$h_1 = 6{,}4\ cm$

$O = 9{,}6^2 + 2 \cdot 9{,}6 \cdot 6{,}4$
$O = 215{,}04\ cm^2$

b) Unter der Höhe einer Pyramide versteht man den Normalabstand der Spitze zur Grundfläche.

B 2

Satz von Pythagoras

a) $d_1^2 = a^2 + b^2$
$d_1^2 = 8{,}6^2 + 5{,}4^2$
$d_1 = 10{,}15..$
$d_1 = 10{,}2\ cm$

$d_2^2 = b^2 + c^2$
$d_2^2 = 5{,}4^2 + 10{,}2^2$
$d_2 = 11{,}54..$
$d_2 = 11{,}5\ cm$

$d_3^2 = a^2 + c^2$
$d_3^2 = 8{,}6^2 + 10{,}2^2$
$d_3 = 13{,}34..$
$d_3 = 13{,}3\ cm$

Raumdiagonale
$d^2 = a^2 + b^2 + c^2$
$d^2 = 8{,}6^2 + 5{,}4^2 + 10{,}2^2$
$d = 14{,}39..$
$d = 14{,}4\ cm$

b) $V = a \cdot b \cdot c$
$V = 8{,}6 \cdot 5{,}4 \cdot 10{,}2$
$V = 473{,}688\ cm^3$

$O = 2 \cdot 8{,}6 \cdot 5{,}4 + 2 \cdot 8{,}6 \cdot 10{,}2 + 2 \cdot 5{,}4 \cdot 10{,}2$
$O = 378{,}48\ cm^2$

B 3

Prozentrechnung

Geschäft A:

$G = 424$ € $A = G \cdot \frac{p}{100}$

$p = 70\,\%$ $A = 424 \cdot 0{,}70$

$A = ?$ $A = 296{,}80$ €   Im Geschäft A kostet die Stereoanlage 296,80 €.

Geschäft B:

$G = 424$ € $A = G \cdot \frac{p}{100}$ $G = 339{,}20$ € $A = G \cdot \frac{p}{100}$

$p = 80\,\%$ $A = 424 \cdot 0{,}80$ $p = 90\,\%$ $A = 339{,}20 \cdot 0{,}90$

$A = ?$ $A = 339{,}20$ € $A = ?$ $A = 305{,}28$ €

Im Geschäft B kostet die Stereoanlage 305,28 €, Claudia sollte im Geschäft A kaufen.

B 4

Zinsenrechnung

a) $p = 2{,}4\,\% \rightarrow p_{eff} = 2{,}4 \cdot 0{,}75 = 1{,}8\,\%$

$Z = K_0 \cdot \frac{p_{eff}}{100} \cdot \frac{t}{360}$

$97{,}50 = K_0 \cdot \frac{1{,}8}{100} \cdot \frac{320}{360}$

$K_0 = 97{,}50 : \left(\frac{1{,}8}{100} \cdot \frac{320}{360}\right)$

$K_0 = 6\,093{,}75$ €   Das Kapital muss 6 093,75 € hoch sein.

b) $Z_{eff} = K_0 \cdot \frac{p_{eff}}{100} \cdot \frac{m}{12}$ $p_{eff} = p \cdot 0{,}75$

$7{,}50 = 350 \cdot \frac{p_{eff}}{100} \cdot \frac{8}{12} \quad | \cdot 100 \cdot 12$ $p = \frac{p_{eff}}{0{,}75}$

$7{,}50 \cdot 100 \cdot 12 = 350 \cdot 8 \cdot p_{eff}$ $p = \frac{3{,}21..}{0{,}75}$

$9\,000 = 350 \cdot p_{eff} \quad | : (350 \cdot 8)$ $p = 4{,}28.. = 4{,}3\,\%$

$p_{eff} = \frac{9\,000}{350 \cdot 8}$

$p_{eff} = 3{,}21..$

Der vereinbarte Zinssatz müsste 4,3 % sein.

4. Schularbeit

4. Schularbeit D

B 1

Satz von Pythagoras

a)

$A = \frac{1}{2} \cdot c \cdot h_c \quad | \cdot 2$

$2A = c \cdot h_c$

$h_c = \frac{2 \cdot A}{c}$

$h_c = \frac{2 \cdot 23{,}52}{8{,}4}$

$h_c = 5{,}6$ cm

$A = \frac{1}{2} \cdot a \cdot h_a \quad | \cdot 2$

$2A = a \cdot h_a$

$h_a = \frac{2 \cdot A}{a}$

$h_a = \frac{2 \cdot 23{,}52}{7}$

$h_a = 6{,}72$

$h_a = 6{,}7$ cm

$a^2 = h_c^2 + \left(\frac{c}{2}\right)^2$

$a^2 = 5{,}6^2 + 4{,}2^2$

$a = 7$ cm

Skizze:

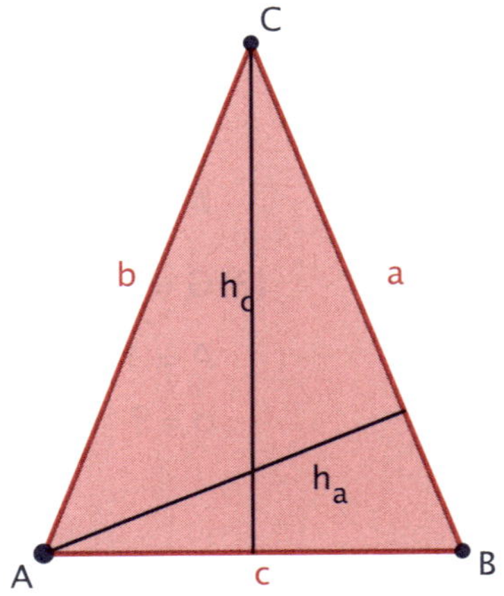

b) $r = \frac{d}{2}$

$d^2 = a^2 + b^2$

$d^2 = 68^2 + 51^2$

$d = 85$ mm

$r = 42{,}5$

$r = 43$ mm

B 2

Zinsenrechnung

$K_0 = 2500$ € $\quad p = 2{,}25\,\% \longrightarrow p_{eff} = 2{,}25 \cdot 0{,}75$

$p_{eff} = 1{,}6875\,\%$

$K_1 = K_0 \cdot \left(1 + \frac{p_{eff}}{100}\right)$

$K_1 = 2500 \cdot \left(1 + \frac{1{,}6875}{100}\right) = 2542{,}1875$

$K_2 = K_1 \cdot \left(1 + \frac{1{,}6875}{100}\right) = 2585{,}0869..$

$K_2 - 800 = 1785{,}0869..$

$K_3 = 1785{,}0869.. \cdot \left(1 + \frac{1{,}6875}{100}\right) = 1815{,}210..$

$K_4 = 1815{,}210.. \cdot \left(1 + \frac{1{,}6875}{100}\right) = 1845{,}841..$

$K_4 - 900 = 945{,}841..$

$K_5 = 945{,}841.. \cdot \left(1 + \frac{1{,}6875}{100}\right) = 961{,}803..$

$K_5 = 961{,}80$ €

Herr Adam behebt nach 5 Jahren 961,80 €.

B 3

Prozentrechnung

a) (1) $G = 12\,038$ $\quad p = \frac{A}{G} \cdot 100$

$A = 13\,591$ $\quad p = \frac{13\,591}{12\,038} \cdot 100$

$p = ?$ $\quad p = 112{,}900..$

Das Bevölkerungswachstum betrug zwischen 1991 und 2001 in Tulln 12,9%.

(2) $G = 13\,591$ $\quad A = \frac{G \cdot p}{100}$

$p = 106{,}69\,\%$ $\quad A = \frac{13\,591 \cdot 106{,}69}{100}$

$A = ?$ $\quad A = 14\,500{,}23..$

$A = 14\,500$

2009 hatte Tulln 14500 Einwohner.

(3) $G = 12\,038$ $\quad p = \frac{A}{G} \cdot 100$

$A = 14\,500$ $\quad p = \frac{14\,500}{12\,038} \cdot 100$

$p = ?$ $\quad p = 120{,}45..\%$

Die Bevölkerung Tullns ist zwischen 1991 und 2009 um rund 20,5 % angewachsen.

b) $G = 57\,631$

$A = 69\,479$ $\quad p = \frac{A}{G} \cdot 100$

$p = ?$ $\quad p = \frac{69\,479}{57\,631} \cdot 100$

$p = 120{,}558..\%$

Im Bezirk Tulln ist die Bevölkerung um 20,6 % gestiegen, das ist ein wenig mehr als in der Stadt Tulln.

B 4

Körperberechnungen

Würfel:

$V = a^3$

$V = 5^3$

$V = 125\ \text{cm}^3$

Pyramide: $a = 7$ cm

$V = \frac{1}{3} \cdot G \cdot h$

$V = \frac{1}{3} \cdot a^2 \cdot h \quad | \cdot 3$

$3V = a^2 \cdot h$

$h = \frac{3V}{a^2}$

$h = \frac{3 \cdot 125}{49}$

$h = 7{,}65..$

$h = 7{,}7$ cm

Die Pyramidenhöhe beträgt 7,7 cm.

4. Schularbeit E

B 1

Verhältnisse, Proportionen

a)

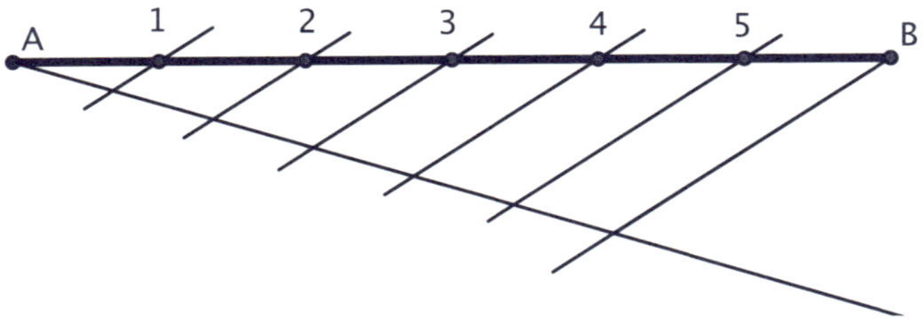

b) $\overline{AT} = \frac{2}{3} \cdot \overline{TB} \rightarrow \overline{AT} : \overline{TB} = 2 : 3$

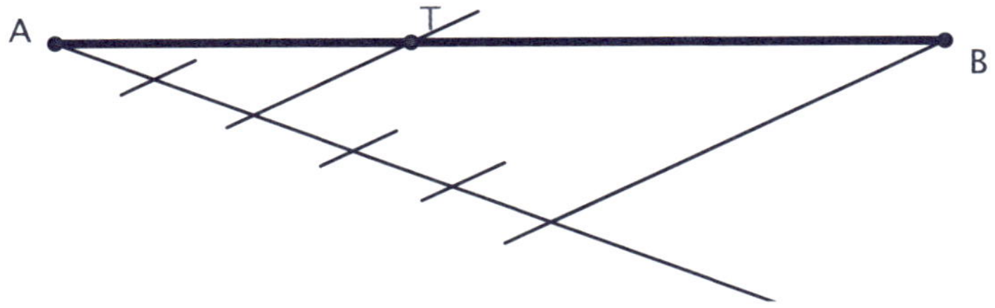

B 2

Prozentrechnung, Zinsenrechnung

a) (1) G = 160 ha

p = 100 % – 4 % = 96 %

A = ?

$A = G \cdot \frac{p}{100}$

$A_{10} = 160 \cdot \left(\frac{96}{100}\right)^{10} = 160 \cdot 0{,}96^{10}$

A = 106,373..

A = 106,37 ha

160 – 106,37 = 53,63

Nach 10 Jahren hat der Wald einen Bestand von 106,37 ha. Man müsste 53,63 ha anpflanzen, um wieder die ursprüngliche Waldfläche zu erhalten.

(2) $80 = 160 \cdot 0{,}96^n$

Durch Probieren erhält man für

n = 16 Jahren 83,26.. ha

n = 17 Jahren 79,93.. ha

Nach ungefähr 17 Jahren wäre der Wald auf die Hälfte geschrumpft.

b) $K_0 = 3500$ €

$K_n = K_0 \cdot \left(1 + \frac{2{,}15}{100}\right)^n = K_0 \cdot 1{,}0215^n$

$K_8 = 3500 \cdot 1{,}0215^8$

$K_8 = 4149{,}301..$

$K_8 = 4149{,}30$ €

Das Guthaben beträgt nach 8 Jahren 4 149,30 €.

B 3

Satz von Pythagoras

a) $a^2 + b^2 = c^2$

$b^2 = c^2 - a^2$

$b^2 = 11{,}5^2 - 6{,}9^2$

$b = 9{,}2$ cm

b) $A = \frac{1}{2} \cdot a \cdot b$

$A = \frac{1}{2} \cdot 6{,}9 \cdot 9{,}2$

$A = 31{,}74 \text{ cm}^2$

c) $A = \frac{1}{2} \cdot c \cdot h \quad | \cdot 2$

$2A = c \cdot h \quad | : c$

$h = \frac{2A}{c}$

$h = \frac{2 \cdot 31{,}74}{11{,}5}$

$h = 5{,}5$ cm

B 4

Körperberechnungen

$V = G \cdot h$ Grundfläche = Vorderfront der Hütte
Höhe: Länge der Hütte

Grundfläche:
Rechteck ($a = 11{,}8$ m, $b = 4{,}2$ m)
gleichschenkliges Dreieck
$c = 11{,}8$ m
$h = 6{,}6 - 4{,}2$
$h = 2{,}4$ m

$G = 11{,}8 \cdot 4{,}2 + \frac{1}{2} \cdot 11{,}8 \cdot 2{,}4$

$G = 63{,}72 \text{ m}^2$

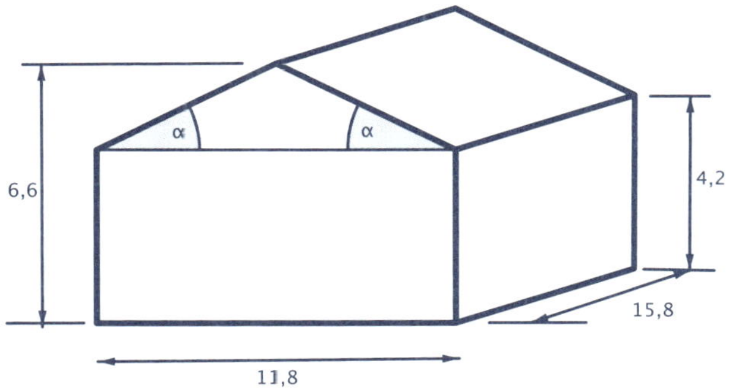

Körperhöhe: $h = 15{,}8$ m

$V = G \cdot h$

$V = 63{,}72 \cdot 15{,}8$

$V = 1006{,}776 \text{ m}^3$

Das Volumen der Hütte beträgt $1006{,}776 \text{ m}^3$.

4. Schularbeit F

B 1

Prozentrechnung

a) $A = 888$ € $\quad G = \frac{A}{p} \cdot 100 \quad 888 - 740 = 148$

$p = 120\,\%$ $\quad G = \frac{888}{120} \cdot 100$

$G = ?$ $\quad G = 740$ Der Händler muss 148 € an das Finanzamt abliefern.

b) Elektromarkt

$G = 390$ € $\quad A = G \cdot \frac{p}{100}$

$p = 100\,\% - 3\,\% = 97\,\%$ $\quad A = 390 \cdot \frac{97}{100}$

$A = ?$ $\quad A = 378{,}30$ €

Fachhändler

$G = 380$ € $\quad A = G \cdot \frac{p}{100}$

$p = 100\,\% - 2\,\% = 98\,\%$ $\quad A = 380 \cdot \frac{98}{100}$

$A = ?$ $\quad A = 372{,}40$ €

Das Angebot beim Fachhändler ist günstiger.

B 2

Satz von Pythagoras

a) $a^2 + b^2 = c^2$

$8{,}5^2 + 20{,}4^2 = 22{,}1^2$

$72{,}25 + 416{,}16 = 488{,}41$

$488{,}41 = 488{,}41$ w. A.

Es liegt ein rechtwinkliges Dreieck vor.

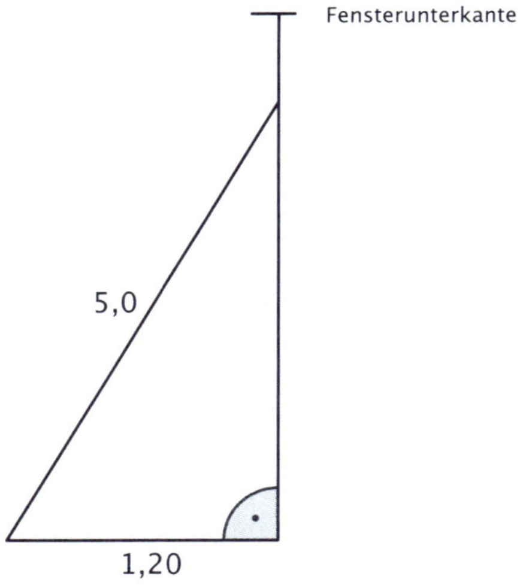

b) Länge der Leiter:

$\sqrt{4{,}5^2 + 1{,}2^2} = 4{,}657..$

Die Leiter reicht aus, sie ist sogar etwas zu lang. Man müsste sie am Boden weiter weg von der Wand stellen.

$\sqrt{5^2 - 4{,}5^2} = 2{,}179.. = 2{,}18$

Man könnte die Leiter 2,18 m von der Wand weg aufstellen, sie würde dann noch immer bis zur Unterkante des Fensters reichen.

B 3

Körperberechnung

a) $m = V \cdot \rho$

$V = \frac{m}{\rho}$

$V = \frac{671{,}64}{19{,}3}$

$V = 34{,}8\ cm^3$

$V = G \cdot h$

$G = \frac{V}{h}$

$G = \frac{34{,}8}{10}$

$G = 3{,}48\ cm^2$

b) $A = \frac{1}{2} \cdot (a + c) \cdot h \quad | \cdot 2$

$2A = (a + c) \cdot h$

$h = \frac{2A}{a + c}$

$h = \frac{2 \cdot 3{,}48}{4 + 1{,}8}$

$h = 1{,}2\ cm$

Die Höhe des Goldbarrens beträgt 1,2 cm.

B 4

Körperberechnungen

$60 \cdot 40 + 2 \cdot 60 \cdot 14 + 2 \cdot 40 \cdot 14 = 5\,200\ cm^2$

2 Kisten: $5\,200 \cdot 2 = 10\,400\ cm^2$

Holzfaserplatte: $300 \cdot 50 = 15\,000\ cm^2$

Berechnung des Abfalls:

$G = 15\,000\ cm^2$

$A = 10\,400\ cm^2$

$p = ?$

$p = \frac{A}{G} \cdot 100$

$p = \frac{10\,400}{15\,000} \cdot 100$

$p = 69\frac{1}{3}\,\%$

$100 - 69\frac{1}{3} = 30\frac{2}{3} = 30{,}66.. = 30{,}7$

Der Abfall beträgt 30,7 %.

4. Schularbeit G

B 1

Körperberechnungen

a) $V = 73\ m^3$ | $V = G \cdot h \quad | : G$

$G = a \cdot b$ | $h = \frac{V}{G}$

$G = 10,8 \cdot 5$ | $h = \frac{73}{54}$

$G = 54,0$ | $h = 1,351..$

$h = 1,35\ m$

Die augenblickliche Tiefe der Baugrube beträgt 1,35 m.

Tiefe: 3,2 m $\quad 3,2 - 1,35 = 1,85$

$V = 54 \cdot 1,85$

$V = 99,9 \approx 100\ m^3$ Es müssen noch rund 100 m³ ausgehoben werden.

b) $m = V \cdot \rho$

$V = \frac{m}{\rho}$

$V = \frac{56}{7,8} = 7,1794..$

$V = 7,179\ dm^3$

$G = 15 \cdot 8 = 120$

$G = 120\ dm^2$

Dicke: $d = \frac{V}{G}$

$d = \frac{7,179}{120} = 0,0598..$

$d = 0,06\ dm = 6\ mm$

Das Stahlblech ist 6 mm dick.

B 2

Satz von Pythagoras

a) $h_c^2 = a^2 - \left(\frac{c}{2}\right)^2$

$h_c^2 = 40,5^2 - \left(\frac{48,6}{2}\right)^2$

$h_c = 32,4\ cm$

b) $u = 2 \cdot a + c$

$u = 2 \cdot 40,5 + 48,6$

$u = 129,6\ cm$

$A = \frac{1}{2} \cdot c \cdot h_c$

$A = \frac{1}{2} \cdot 48,6 \cdot 32,4$

$A = 787,32\ cm^2$

B 3

Prozentrechnung, Zinsenrechnung

a) $G = 784\,000\,000$

$p = 2,8\,\%$

$K_n = K_0 \cdot \left(1 + \frac{2,8}{100}\right)^n = K_0 \cdot 1,028^n$

in 10 Jahren: $784\,000\,000 \cdot 1,028^{10} = 1\,033\,349\,442$

Im Jahr 2010 leben rund 1,033 Milliarden Einwohner in Afrika.

in 20 Jahren: $784\,000\,000 \cdot 1,028^{20} = 1\,362\,003\,915$

Im Jahr 2020 leben rund 1,362 Milliarden Einwohner in Afrika.

B 3

b) $p_{eff} = 4 \cdot 0{,}75 = 3\,\%$

$K_2 = K_0 \cdot \left(1 + \frac{p_{eff}}{100}\right)^2$

$2\,518{,}79 = K_0 \cdot \left(1 + \frac{3}{100}\right)^2$

$2\,518{,}79 = K_0 \cdot 1{,}03^2$

$K_0 = \frac{2\,518{,}79}{1{,}03^2}$

$K_0 = 2\,374{,}201..$

$K_0 = 2\,374{,}20$ € Das Kapital betrug 2 374,20 €.

B 4

Verhältnisse, Proportionen

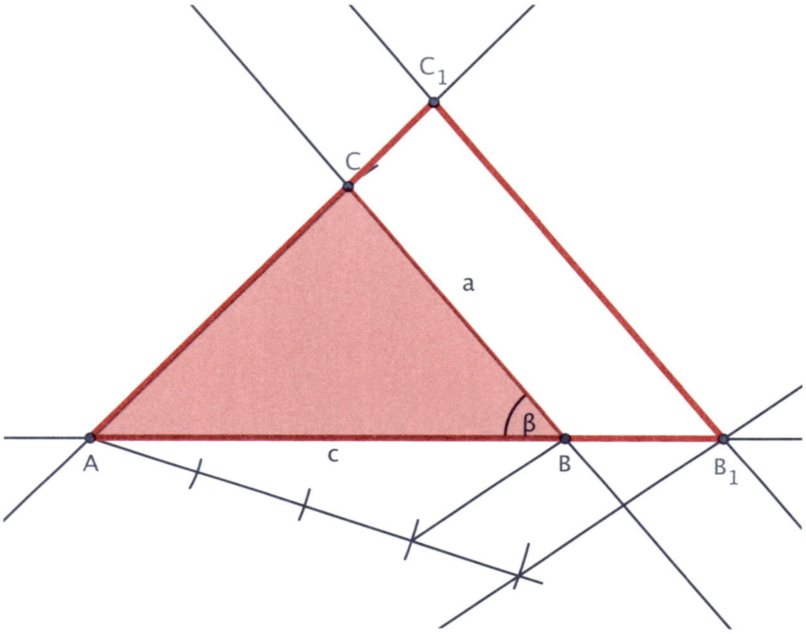

Messung: 84 mm

Rechnung:

$63 : c_1 = 3 : 4$

$3c_1 = 4 \cdot 63$

$c_1 = \frac{4 \cdot 63}{3}$

$c_1 = 84$ mm